纺织服装高等教育"十三五"部委级规划教材

FASHION DESIGN

服装项目教程

女下装制作工艺

黄秀丽　主　编

雷荣洁　许家岩　副主编

东华大学出版社

·上海·

图书在版编目(CIP)数据

女下装制作工艺/黄秀丽主编.—上海:东华大学出版社,
2018.2
　服装项目教程
　ISBN 978-7-5669-1133-9

　Ⅰ.①女… Ⅱ.①黄… Ⅲ.①女服—裙子—服装缝制—
教材 ②女服—裤子—服装缝制—教材 Ⅳ.①TS941.717

中国版本图书馆 CIP 数据核字(2016)第 211979 号

责任编辑:冀宏丽　李伟伟
封面设计:Callen

女下装制作工艺
NVXIAZHUANG ZHIZUO GONGYI
主　　编:黄秀丽
副 主 编:雷荣洁　许家岩

出　　　版:东华大学出版社(上海市延安西路 1882 号,200051)
出版社网址:dhupress.dhu.edu.cn
天猫旗舰店:http://dhdx.tmall.com
营 销 中 心:021-62193056　62373056　62379558
印　　　刷:苏州望电印刷有限公司
开　　　本:787 mm×1 092 mm　1/16
印　　　张:12.25
字　　　数:392 千字
版　　　次:2018 年 2 月第 1 版
印　　　次:2018 年 2 月第 1 次印刷
书　　　号:ISBN 978-7-5669-1133-9
定　　　价:39.80 元

前　言

　　本书为纺织服装高等教育"十三五"部委级规划教材，主要目标是综合培养学生的职业素养和创新能力。本书根据高职院校服装专业的授课特点，按照项目化教学方案编写，首先介绍了服装设计制作的前导知识，让学生对服装工艺技术常用名词术语、工具设备，面辅料及服装企业裁剪、熨烫和质检流程等有一定的了解。然后根据服装工艺特点介绍了手缝和机缝基础知识和实训、裙子制作工艺实训、裤子制作工艺实训、综合项目制作工艺实训和服装企业样衣制作实例等实训项目，教学内容由浅入深，由基础成衣完整制作到变化款式制作，最后根据服装流行趋势独立设计制作，以逐步培养学生的自学能力。

　　本书精选实训项目，紧贴市场需求，图文并茂，操作性强，使学生能顺利地适应成衣工业生产岗位。本书作为服装设计专业项目化系列教材，可作为服装设计及相关专业的教材，也可作为广大服装从业人员和爱好者的参考用书。

　　本书由河源职业技术学院黄秀丽老师主编并负责全书的统稿与修改，陕西服装工程学院雷荣洁老师和无锡工艺职业技术学院许家岩老师担任副主编。各项目具体撰写情况如下：

　　前导知识由许家岩、黄秀丽、朱端端编写；

　　项目一中任务一由黄秀丽、段凤娇编写，任务二由雷荣洁、白巧燕编写；

　　项目二中任务一由黄秀丽、万斯达编写，任务二至任务四由黄秀丽编写；

　　项目三由雷荣洁编写；

　　项目四中任务一由黄秀丽编写，任务二由许家岩、徐玉梅编写；

　　项目五由许家岩编写。

　　本书在编写过程中得到宝嘉怡升制衣（河源）有限公司杨兴旺经理的技术指导和帮助，得到了河源职业技术学院服装设计专业陈奕婷、刘慧、郭梓欢、张玉旋等同学的帮助，在此一并表示感谢！

　　由于时间仓促，水平有限，在编写过程中难免有错误和纰漏之处，欢迎专家和广大读者批评指正，不胜感谢。

编　者

目录 CONTENTS

前 导 知 识

一、服装工艺技术常用名词术语

(一) 基本概念

1. 服装设计

服装设计涵盖服装款式设计、服装结构设计和服装工艺设计三大部分。其中,服装款式设计着重用款式图来表现出设计师的构思;服装结构设计主要考虑更加合理地实现款式设计的构思,并将其转变为服装结构图形(服装样板);服装工艺设计的重点在于根据服装结构图,设计合理可行的成衣制作工艺,并制定相应的质量标准。

2. 服装工艺技术

服装工艺技术包括服装生产现状、服装生产前期准备工作、文件编写管理、服装裁剪、服装缝纫、服装整烫包装、流水线的组织管理、服装生产成本控制、质量管理。

3. 服装造型

服装造型要素构成服装总体的艺术效果。造型要素的划分,从具体造型分为款式、配色与面料三要素;从抽象造型分为点、线、面、形、体、色、质、光等;从部件分为上衣、下衣、外套、内衣、装饰品等。

4. 平面结构设计

平面结构设计即平面裁剪,俗称"平裁"。在纸或面料上,采用一定的计算公式、制图规则及结构设计原理,将选定的服装款式分解成平面结构图,是最常用的结构设计方法(图1)。平面结构尺寸较为固定,比例分配相对合理,操作性强,便于初学者掌握与运用。适用于立体形态简单、款式固定的服装。平面结构设计方法可分为比例法和原型法。

图1　平面结构设计　　　　　　　　图2　立体结构设计

5. 立体结构设计

立体结构设计即立体裁剪,俗称"立裁"。设计师依据设计构思,将布料(如白坯布)覆合在人体或人模上,借用大头针等工具,通过收省、打褶、起皱、剪切等方法直接表现出服装造型

（图2）。由于立裁直接以人台或模特为操作对象,设计师可以直接观测服装的空间形态和造型效果,因此具有较高的适体性和科学性。常用于款式复杂或面料悬垂性强的服装结构造型。

6. 款式设计图

款式设计图是体现服装款式造型的平面图(图3)。这种形式的设计图是服装专业人员必须掌握的基本技能,由于其绘画方法简单,易于掌握,是行业内表达服装样式常用的形式。

7. 服装效果图

服装效果图是表现人体在特定时间、特殊场所穿着服装效果的形式(图4),通常包括人体着装图、设计构思说明、采用面料小样等。

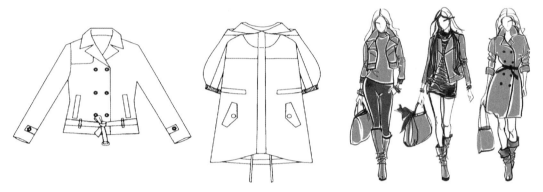

图3　款式设计图　　　　　　　　　　图4　服装效果图

8. 服装结构图

服装结构图是利用平面结构设计的方法在纸张或布料上绘制出服装结构线,将服装立体造型分解并展开成能反映衣片结构关系和尺寸的平面图(图5)。服装结构图可以作为资料存档,在技术交流时,结构图一般采用1:5比例,而制作样板时则采用1:1比例。

9. 服装样板

服装样板又称服装纸样,是服装结构最具体的表现形式(图6)。制板师根据设计师的服装效果图和规格,通过平面或立体的结构设计手法,将服装分解为结构图形,然后复制在纸板上,形成样板。

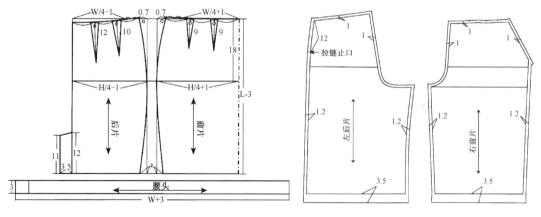

图5　服装结构图　　　　　　　　　　图6　服装样板

10. 服装工业样板

服装工业样板是在结构设计的母板基础上,按照号型系列的要求进行放大或缩小,制作而成的系列服装样板。该制作过程被称为"推板"或"放码"。工业样板根据服装企业的生产程序的不同,又可分为裁剪样板和工艺样板。

11. 排料图

排料图即将设计、裁制好的样板按一定丝缕方向、条格对位要求按顺序排列到布坯上,记录衣料铺料画样时样板套排情况的图。排料图所反映的排料应是最合理、最省料的。有工业排料图及单件制作排料图之分。

12. 工艺单

工艺单是指导服装生产的重要技术文件,也是服装生产及产品检验的依据。它规定某一具体款式服装的工艺要求和技术指标。工艺单编制是否正确规范,直接影响服装产品的规格设置,质量要求及是否能够合理利用原材料、降低成本、缩短产品的设计和生产周期。

13. 工艺设计图

工艺设计图是工厂里用来表达加工形式、缝迹形态、变形处理、工艺措施而绘制的图形(图7)。

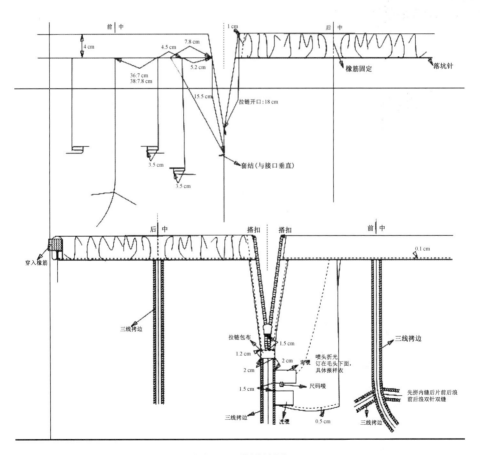

图 7　工艺设计图

3

（二）服装术语

服装术语在类别上,通常分为:部位术语,如肩部有总肩、前过肩、后过肩;部件术语,如衣身、衣领、衣袖、腰头等;工艺术语,如省道、褶、裥、衩等;结构制图术语,如衣身的衣长线、胸围线、落肩线等。

1. 部位、部件术语(表1)

表1　下装部位、部件术语

术语名称		说　　明
部位、部件术语	省	称"省道、省缝",有胸省、腰省、肩省、腋省、袖窿省等
	褶	服装要折进去的部分,与省不同的是褶一端车缝固定,一端散开
	衩	为了服装的穿脱、行走方便或造型的需要而设置的开口形式,如裙子前后开衩、侧开衩等
	塔克	将衣料折成连口缉成的细缝,起装饰作用
	搭门	前身开襟处两片叠在一起的地方,分门襟(一般锁扣眼)、里襟(钉扣)
	止口	也称直口,是搭门、口袋、裤腰等边缘缝合的地方
	裆	裤子中的名称分上裆(立裆)、横裆、大小裆、中裆、下裆等
	裤子窿门	裤子前后裆缝合的地方
	插袋	在裤身前后片缝合处,留出袋口的隐蔽性口袋
	贴袋	在裤装表面直接用车缝袋布做成的口袋
	开袋(挖袋)	袋口由切开裤身所得,袋布放在面料里面的口袋

2. 工艺术语(表2)

表2　工艺术语

术语名称		说　　明
裁剪工艺	门幅	布料纬向的宽度
	丝缕	布料的经纬纱向
	铺料	按画样的要求对面辅料选择进行铺层
	排料	按所制作款式样板排出用料的定额
	画样	用样板按不同规格在铺好的面辅料上画出衣片的裁剪线条
	复查画样	复查衣料表层所画上的裁片的数量和质量
	开剪	按衣料表层上所画的衣片的轮廓线进行裁剪
	钻眼	用锥子或打孔机在裁片样板上做出缝制标记,方便裁片缝合或钉扣
	编号	将裁好的衣片和部件按顺序编上号码
	打粉印	用划粉或铅笔在裁片上做出缝制标记
	查裁片刀口	检查所裁剪好的裁片刀口的质量
	配零料	将每一件服装的零部件用料配齐全
	钉标签	将每个衣片的顺序号标签钉上
	验片	逐片检查裁片的质量和数量
	织补	对检查处的裁片中的织造病疵进行修补

术语名称		说　　明
	换片	对检查处的不符合质量的裁片进行调换
	合片	按流水生产安排的数量,将裁片按序号、部件种类捆扎起来
缝制工艺	撇片	按照样板对毛胚裁片进行修剪
	打线钉	用白棉纱在裁好的裁片上做出缝制标志,常用于高档服装的制作
	剪省缝	将缝制后的影响服装外观的省缝剪开,常用于毛呢服装的制作
	刀眼	为便于裁片缝合时对位准确,在裁片上剪出小缺口,作对位记号用
	缉缝	用缝纫机将裁片进行缝合,也称为缉线
	抽紧	缉缝过程中缉线太紧,使面料缩短不平
	吃势	按款式设计需要,缝制中应把某部位面料缝缩的量
	余势	为了防止缩水,缝制中预备的余量
	平服	平整服贴
	平敷	在黏防伸衬条时,不能有松有紧
	烫散	熨烫时向布料的周围推开烫平
	起吊	带夹里的衣服,面、里不符,里子偏短所造成的不平服
	里外匀	在缝制时,里紧面松,形成自然的窝势或扣势
	毛露	衣服的口袋或边缘露出的毛茬
	极光	熨烫服装时,磨烫后在服装面料上出现亮光的现象
	嵌线	处理装饰服装边缘的一种工艺
	外露	里布长出外衣等
	剪牙口	制作挖袋时,需要开口,所开的剪切口称牙口,操作过程叫剪牙口
	打套结	在开衩口或需要加固的地方用手工或机械打套结
熨烫工艺	平烫	最基本的熨烫技法,多用于面料及衣物平面的整理
	分烫	主要用于服装缝合后需要分开缝份的部位
	扣烫	把衣片折边或翻边处按预定要求扣压烫实定型的熨烫,主要用于裤口、门襟等部位
	归	通过熨烫将某部位长度缩短
	拔	通过熨烫将某部位长度拔长
	推门	将平面衣片用归、拔、烫工艺手段,推烫成立体衣片
质检工艺	验色差	对面、辅料选择色泽差进行检查,按色泽归类
	查疵点	检查面、辅料选择疵点
	查污渍	检查面、辅料选择污渍
	分幅宽	将面、辅料按门幅宽窄归类,以便分类使用,提高面、辅料利用率
	查衬布色泽	对衬布的色泽进行检查,按色泽归类
	查纬斜	对面料纬纱斜度进行检查
	复米	对面、辅料选择的长度进行复核
	理化试验	对面、辅料选择的伸缩率、耐热度、色牢度等指标进行试验,以便掌握面、辅料的性能

二、服装工具和设备

1. 常用服装工具(表3)

表3　常用服装工具

序号	工具名称		用　　途
1	手针		手缝针的品种号型较多,有长短、粗细之分,目前有15个号型。通常针号越小,针就越长越粗;针号越大,针就越短越细。常用的手针号型是4~8号。选用手针时应根据衣料的厚薄与用途来确定,否则会损伤衣料或增加缝纫难度
2	缝纫机针		缝纫机针分为家用缝纫机针和工业用缝纫机针。缝纫机针不同规格的主要区别在于针的直径的大小不同,没有长短的变化。通常号数越大,针越粗,常用的是9~16号
3	梭芯、梭壳		缝纫机配件,梭芯用于绕底线,装入梭壳,安装于梭床中,提供缝纫底线,缝纫机功能不同所配的梭芯、梭壳也不同
4	裁剪刀		剪切衣片或纸样的工具。其号型有9英寸、10英寸、11英寸、12英寸等,剪刀的号越小,剪刀越小,反之则越大。特点是刀身长,刀柄短,手握角度舒适
5	线剪		修剪手缝和机缝线头常用的剪刀,剪丝线、薄纱和薄布比较锋利
6	镊子		钢制的辅助工具。主要用于缝纫设备穿线或缝纫时疏松缝线、拔取线头
7	尺		缝制过程中可用于测量、定位、划线修正等,种类有米尺、直尺、三角尺、比例尺、软尺、弯尺、袖窿尺、曲线板等
8	锥子		辅助工具,主要用来为服装裁片扎做标记,或机缝时拨开面料和挑翻角时所用。也可以用于缝纫过程中对上层衣片的推送,可避免上下层衣片的错位

序号	工具名称		用　途
9	划粉		划粉有普通划粉和隐形划粉两种,在布料上画线、做标记定位用
10	大头针		服装立裁或修正时专用的不锈钢针、铜针或不生锈的细别针。主要用于衣料的暂时固定或修正时固定
11	拆线器		一种带锋利刀刃的尖头小装置。主要用于拆除缝线,不宜损伤面料的纱线
12	针插		供插针用,通常直径在 4 cm ~ 10 cm 之间,外层用布或呢料包裹,里面放入棉絮、木梢、头发等物。主要避免针的丢失并防止手针生锈
13	顶针		又称针箍,有铜质、铝质和铁质顶针三种。顶针上的洞眼要深,否则缝厚硬料时会打滑,洞眼起到保护手指避免在缝纫中受伤的作用
14	打孔器		服装制板过程中的打孔用具
15	描线器		一种带手柄的圆轮,边缘为锯齿形。主要用于将纸样上的结构线准确地拓到衣料上
16	刀眼钳		用于样板重要尺寸、位置,打刀眼做标记用,便于对位、缝合
17	烫凳		烫凳又称"布馒头",熨烫辅助工具。有方形、椭圆形等,通常用于裤后裆缝等不能放平部位的熨烫,使这些部位产生"胖势",丰满,有立体感

2. 常用服装设备(表4)

表4　常用服装设备

序号	常用设备名称		用　途
1	工业平缝机		因其功能不同又分为单针、双针平缝机、自动剪线平缝机、可修剪缝份平缝机等
2	包缝机		也称码边机,用于包覆裁片边缘,防止面料脱散,可用于针织服装的缝合。常用的主要有三线、四线、五线包缝机
3	锁眼机		用于加工各类服饰中的纽孔,分为平头锁眼机、圆头锁眼机和电脑锁眼机,又分收尾和不收尾两种
4	黏合机		也称压衬机,用热熔、加压的原理,将黏合衬与面料黏合在一起的设备
5	蒸汽熨斗		熨烫衣料的工具,蒸汽熨斗加热均匀,熨烫效果比普通熨斗好
6	裁剪机		裁剪面料用,常用的裁剪机是直刀式裁剪机、圆刀式裁剪机和自动式裁剪机
7	烫台连蒸汽炉一体机		常用的烫台有抽气烫台和简易烫台。工业上用抽气烫台,可以把衣服中的蒸汽抽掉,使熨烫后的部件或衣服快速定型、干燥

三、服装面、辅料选择

服装的色彩、款式造型和服装材料是构成服装的三大要素。根据材料在服装中的应用，可分为面料和辅料。

（一）服装面料

体现服装主体特征的材料，通常要占服装成本的 30% 以上，对成品服装的质量影响极大。按照面料成分可分为棉、麻、丝、毛、皮革、化纤、混纺等（图 8）。

1. 棉布

各类棉纺织品的总称，多用来制作时装、休闲装、内衣和衬衫。其优点是轻松保暖，柔和贴身、吸湿性、透气性较好；缺点是易缩、易皱，不太美观，在穿着时需要时常熨烫。

2. 麻布

以大麻、亚麻、苎麻、黄麻、剑麻、蕉麻等各种麻类植物纤维制成的一种布料。一般被用来制作休闲装、工作装，目前也多以其制作普通的夏装。优点是强度极高、吸湿、导热、透气性好；缺点是穿着舒适性较差，外观较为粗糙、生硬。

3. 丝绸

以蚕丝为原料纺织而成的各种丝织物。可被用来制作各种服装，尤其适合用来制作女装。其优点是轻薄柔软，色彩绚丽，富有光泽，透气性好，穿著舒适；缺点是易生折皱，容易吸身，强度差，容易褪色。

4. 呢绒

又叫"毛料"，是各类羊毛、羊绒织成的织物的泛称，通常适用以制作礼服、西装、大衣等高档的服装。其优点是防皱耐磨，柔软而挺括，富有弹性，保暖性强；缺点是洗涤较为困难，不适用于制作夏装。

|棉布|麻布|丝绸|
|呢绒|皮革|化纤|

图 8　服装面料

5. 毛皮

动物毛皮经过鞣制而成的面料,多用以制作时装、冬装。可分为两类:一是革皮,即经过去毛处理的皮革。二是裘皮,即处理过的连皮带毛的。裘皮优点是轻盈保暖,雍容华贵;缺点是价格昂贵,在贮藏和护理方面要求较高,不环保不宜普及。

6. 化纤

化学纤维的简称,利用高分子化合物为原料制作而成的纤维纺织品,可分为人工纤维与合成纤维两大类。化纤的优点是色彩鲜艳、质地柔软;缺点是耐磨性、耐热性、吸湿性、透气性均较差,遇热容易变形,容易产生静电。

7. 混纺

是将天然纤维与化学纤维按照一定的比例,混合纺织而成的织物,可用来制作各种服装。其特点是既吸收了棉、麻、丝、毛和化纤各自的优点,又尽可能地避免了它们各自的缺点,而且在价值上相对较为低廉,所以大受欢迎。

(二)服装辅料

构成服装时,除了面料外,其他一切用于服装上的材料都称为服装辅料(图9)。根据服装辅料在服装中所起的作用不同可以将其分为以下几类:

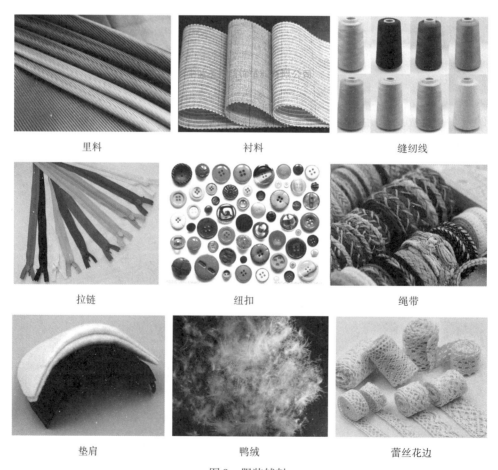

里料   衬料   缝纫线

拉链   纽扣   绳带

垫肩   鸭绒   蕾丝花边

图9 服装辅料

（1）里料有棉纤维里料、丝织物里料、黏胶纤维里料、醋酯长丝里料、合成纤维长丝里料等；

（2）衬料有棉布衬、麻衬、毛鬃衬、马尾衬、树脂衬、黏合衬等；

（3）缝纫线有棉缝纫线、真丝缝纫线、涤纶缝纫线、涤棉混纺缝纫线、绣花线、金银线、特种缝纫线等；

（4）扣紧材料有纽扣、拉链、绳带、魔术扣、其他扣紧材料等；

（5）垫料有胸垫、领垫、肩垫、臀垫等；

（6）填料有絮类填料、材类填料等；

（7）其他材料有织带、蕾丝花边、商标、吊牌、包装材料等。

（三）面料正反面的识别方法

服装面料的正反面可通过织物的组织结构来判别,但在实际生产中,需要根据具体要求来鉴别使用,方法如下：

（1）设计需求：根据设计需求选定。一般选择布面洁净,织纹清晰,光泽柔和的一面为正面；有图案的布料,选择花型和纹路清晰的一面为正面。

（2）织物特性：根据产品设计和后整理效果来决定。凸条及凹凸织物,正面紧密细腻,沟条清晰,而反面较粗糙,浮绒较长；磨毛拉绒面料,一般正面磨毛拉绒,如果双面起毛拉绒的面料,则以绒毛光洁整齐的一面为正；双层或多层织物,一般正面的密度大于反面,而且正面选用性能较好的原料；涂层织物,一般有颜色的涂层为正；纱罗织物,纹路清晰绞经突出的一面为正面；毛巾织物,毛圈密度大的一面为正面。

（3）根据用途：防雨、防风等用途的涂层面为反面。

（4）经验判断：图案清楚、疵点少、布边光洁整齐的一面为织物的正面。

四、裁剪、熨烫和质检

（一）裁剪工艺

裁剪的任务是把整匹服装面料按所要求投产的服装样板切割成不同形状的裁片,以供下道工序缝制成衣。裁剪工艺流程可分为：验布、排料、铺料、剪切、验片、打号、分包、捆扎等工艺过程,其中重点工艺是铺料、排料和剪切。

1. 验布

为确保所投产的面料质量,服装厂通常要对购进的面料进行检验,符合生产要求的才能投产使。面料检验包括外观质量和内在质量两大方面。外观主要检验面料是否存在破损、污迹、织造疵点、色差等问题；内在质量主要包括缩水率、色牢度和克重三项内容。

验布时应以整匹布为基本单位,验布可借助验布机,也可以人手在平台上进行,对影响外观的疵点做出标记,剪裁时避开使用(图10)。

2. 排料

排料也称"排板"、"排唛架"、"划皮"和"套料"等,是指按照生产工艺单和样板的要求,科学、合理地将服装各规格样板在指定的面料幅宽内进行排列,算出最小的用料尺寸(图11)。其目的在于提高面料使用率,降低成本,同时为铺料、裁剪等工序提供可行的依据。

排料一般遵循先大后小、紧密套排、缺口合并、大小搭配的原则。排料过程中,要注意衣片的对称和面料的丝缕、色差、条格图案方向,避免将面料排成"一顺儿""倒顺毛"等。

图 10 验布

图 11 人工单件排料

3. 铺料

铺料俗称"拉布",按照排料划样图和裁剪方案中的铺布要求,将面料一层层地平铺到裁床上(图 12)。铺料方式有单向铺料(单跑皮)、双向铺料(双跑皮)、翻折对合铺料、门幅对折铺料四种。铺料要做到四齐一平,即头尾端、一侧布边齐,布面平整。

4. 剪切

采用裁剪专用的工具,按划样图中的衣片轮廓线,裁剪出一叠相同的衣片(图 13)。因剪切具有不可逆转性,稍有差错会造成重大损失,所以开裁前必须完成前道工序的检查核对。推刀路线"三先三后":先横断、后直断,先外口、后里口,先开小、后开大,随手打刀眼。

图 12 人工铺料

图 13 裁剪车间

5. 验片、打号

验片是对裁片的质量进行检验,目的是为了能及时发现裁片的质量问题和面料表面的疵点,以便修正和调整(图 14)。为防止缝制时出现混合的现象,如各匹面料之间或同匹面料之间色差对服装成品的影响,所以需要对衣片进行打号,以确保同层、同规格衣片的缝合(例如:0430120,表示裁片是第 4 床,规格 30 号,第 120 层面料裁出的裁片)。

6. 分包、捆扎

按生产工艺单规定的型号、色号、规格要求,将裁剪出的全部部件分类包扎在一起,便于运输和生产(图 15)。分包时大片放外面,零部件裹在里面,每包裁片扎好后,需在包外吊上标签,注明包号。

图 14　验片　　　　　　　　　　　　　图 15　分包、捆扎

（二）熨烫工艺

熨烫工艺是采用专有设备将成品或者半成品的服装施加一定的温度、湿度、压力、时间等条件使之变形或定型,即服装的热湿定型处理。服装行业用"三分做,七分烫"来强调熨烫技术在整个缝制工艺中的地位和作用。

1. 熨烫的作用

（1）对服装面料的整理作用:服装面料在裁剪以前,通过喷水熨烫,使其预缩并调整线路,去除褶皱等,即产前熨烫。

（2）熨烫在服装缝制过程中的辅助作用:服装的中间熨烫贯穿于加工始终,包括部件定型熨烫、分缝熨烫和归拔烫等(图16)。

（3）对成品服装的定型作用:对缝制完成的成品服装通过熨烫定形,使服装外形平整、挺括、褶裥和线条挺直,即成品熨烫。这对服装的最终造型起稳定作用(图17)。

图 16　服装中熨(小烫)　　　　　　　图 17　服装成品整烫(大烫)

2. 熨烫的工艺参数

服装熨烫主要受温度、湿度、压力和时间等因素的影响。

（1）温度:使纤维分子链间的结合力减小,织物更具有可塑性。最佳熨烫温度主要取决于面料纤维的种类。一般熨烫温度由高至低为:纤维素纤维 > 蛋白质纤维 > 合成纤维;棉、麻 > 羊毛 > 丝 > 合成纤维(表5)。如果熨烫温度过高,超过面料允许受热温度,面料易烫黄、烫焦、变形,甚至熔化掉;熨烫温度过低,虽不损伤面料,但达不到熨烫效果。

表5　织物熨烫参数

面料种类	熨烫温度/℃	面料种类	熨烫温度/℃
尼龙(绵纶)	90～100	棉布织物	150～170
丝绸织物	120～140	呢绒织物	160～180
涤纶织物	140～160		

（2）湿度：熨烫过程中，对面料喷水或水蒸气，可以提高纤维的可塑性，并有效避免极光。熨烫湿度的多少，要根据面料的吸湿性、回弹性，以及熨烫方法来确定，如归拔重点部位时，需湿度较高。

（3）压力和时间：熨烫压力的轻重与时间的长短，是依据面料薄厚和回弹性而决定的。通常薄而疏、回弹性差的衣料，熨烫时所用压力轻，时间也稍短。厚而密、回弹性好的衣料，熨烫时间较长，压力也加重，但也不易在某一部位停留的时间过长，以免烫坏衣料或留下熨斗痕迹。

熨烫的四个工艺条件是相辅相成的。一般情况下，整烫的温度高，熨烫的时间就相对较短；反之，时间相对较长；面料的湿度越大，熨烫的时间就越长；压力大一些，熨烫的时间就会短一些。

3. 熨烫要求

"三好"指熨烫温度掌握好，平挺质量好，折叠外观好；"七防"指防烫黄，防烫焦，防变色，防变硬，防水渍，防极光，防渗胶。操作要领如下：

（1）熨斗不能在同一部位时间过长，注意移动应有规律，不得盲目乱烫，以免使面料丝缕受损或烫坏衣料。

（2）尽量在衣料的反面进行熨烫。如真丝、人造毛、灯芯绒、平绒、丝绒等衣料只能在反面轻烫，或者在特别的熨烫板上操作。

（3）衣料正面熨烫时，应盖上水布，以免表面烫出极光。

（4）成品服装应符合人体体型的立体造型，有选择的在衣片与人体凸凹部位相对应的位置施以"推""归""拔"。

（5）熨烫像西裤的挺缝线、西装的止口或褶裥处，熨烫过后可马上拿冷熨斗（或铁凳）用力重压一下，以利于折痕持久，止口变薄，定型效果更好。

（6）黏烫时，应先试烫，再根据试烫结果选择适当的温度、压力和时间，保证成品面料与黏合衬之间黏合牢固、平挺。

（7）刚熨烫过部位要让其冷却后才能翻动。

（三）成品质检

服装成品检验是指在服装交付客货或出厂前，依照相应的产品标准，对成品规格、缝制质量、整烫质量等进行的检验（图18、图19）。

进行成品检验时，应注意以下几点要求：

（1）对照生产技术文件及质量标准，确认裁剪、缝制、整烫的外观与操作规定的指标。

（2）成品检验时，对具体部位也须按规定程序进行，通常是以"从上到下、从左至右、由外及里"为原则,确保能迅速、准确地检查成品加工质量(表6、表7)。

图18　下装成品质检

图19　上装成品质检

（3）检验的重点放在成品的正面外观上,然后翻向里侧,再检查制品的里布外观,最后检查缝迹等细微质量。

（4）在抽查服装规格时,除测量几个主要控制部位的规格尺寸外,还必须包括口袋大小等重点细部的尺寸。

（5）成品质量检验结果必须记录在册,当一批产品检验完毕后,检验员按规定进行疵点统计,打出相应的分数,分出产品等级,将检验结果汇总整理,填入相应的表格,交给管理人员,使其根据情况采取相应措施,改进加工质量。

（6）成品检验时,对周围环境和所用工具、设备有一定要求,如:采光自然,免受阳光直接照射;灯光照度为400 lx～1 500 lx;检验工作台面在1 000 mm×2 000 mm以上等。

表6　裙装检验操作程序

序号	部位	动作过程	检查内容
1	前片	腰上端向着自己,拿腰的两端	检验裙身的线条、条格、丝缕是否顺向,腰带襻、省、裙摆的缝制是否平服美观
2	后片	翻转裙子,腰上端向着自己,拿腰的两端	检验裙身的线条、条格、丝缕是否顺向,腰带襻、省、裙摆的缝制是否平服美观
3	左右侧缝	左手拿腰上端,右手拿侧缝下摆	检查侧缝缝合是否平服、吃势是否均匀
4	拉链部位	右手拿拉链下部,左手拉上拉链	检查拉链是否顺滑,有无锁定装置,拉链是否平服
5	夹里	将夹里翻出,手持其两端	检验夹里的缝合情况,有无脱线污渍,线头面疵等
6	裙摆	裙摆向自己,手持裙摆两侧	检查裙下摆折边是否顺贴,缲边是否牢固,表面缲边线是否外露
7	腰头部	两平放入腰围中间,转裙身并翻开检查腰里	检查腰围及夹里是否平服、缝制是否顺直

表7　西裤检验程序及缺陷判断

序号	检验项目	品　质　缺　陷	缺陷程度	缺陷判断	
				A 类	B 类
1	裤腰	裤腰不平服、不顺直、宽窄不一致	严重	+	−
		襻带位置不准确,套法不牢固	严重	+	−
2	裤口袋	袋口不平服,位置不准确	严重	+	−
		套法不牢固	轻微	−	+
		垫布包缝线,暗线及袋布暗缝线不牢固	严重	+	−
		嵌线宽窄不一致,松紧不适宜	严重	+	−
		袋与袋盖大小不适宜	严重	+	−
3	裤身	两裤腿长短及裤脚大小不一致	严重	+	−
		整烫不平服	严重	+	−
		前线丝缕不顺直	轻微	−	+
		侧缝及下裆缝不平服、不顺直,贴边宽窄不一致	严重	+	−
		后裆缝松紧不一致,十字裆缝没对准	严重	+	−
4	门里襟	门里襟不平服、长短不一致	严重	+	−
		小裆套结不牢固	轻微	−	+
		拉链松紧不适宜	严重	+	−
		拉链距门襟宽窄不一致	严重	+	−
5	裤里	袋布缉线不牢固	严重	+	−
		侧缝、下裆缝头不一致	严重	+	−
		下裆上半部及后裆缝双道线	严重	+	−
		大小裤底不平服	轻微	−	+

项目一　服装缝制基础工艺

任务一　手缝工艺

任务描述

　　手缝工艺,即用手针穿刺衣片进行缝纫的过程。它具有操作灵活方便的特点,现代服装的缝、缲、环、拱、扳、扎、锁、钩等工艺,都体现了高超的手工工艺技法。虽然缝纫设备的出现和不断更新换代,促使服装生产得到不断的发展提高。但是,手针缝纫依然是成衣制作的基本手段之一。在各种各样的服装生产中,手工缝纫技术是必不可少的,尤其是在丝绸、毛料等高档服装中,手工缝纫还被广泛采用。运用得当的手缝技法所缝制的服装在质量与艺术效果上,都是机缝工艺难以代替的(图1-1-1)。

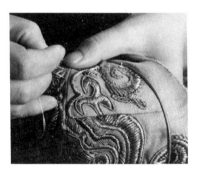

图1-1-1　手缝工艺在高档服装中的应用

　　本次任务以小熊包、针插为例,引入常用手缝针法和装饰针法(图1-1-2)。

图1-1-2　手缝工艺品

● 熟练掌握平针、回针、环针、缲针、三角针、锁针、链绣、雏菊绣、法国结粒绣等针法；
● 学会灵活运用手缝针法设计制作工艺品和服装缝制。

任务准备

一、材料准备

1. 面料(图 1-1-3)

不织布　　　　　　　　棉麻布　　　　　　　　棉布

图 1-1-3　面料

2. 辅料(图 1-1-4)

填充棉　　　　　　　　绣线　　　　　　　　纽扣

图 1-1-4　辅料

二、手缝针法及缝制工艺要求

(一)平缝针

(1)用途:平缝针是针距相等的手缝针法,也是其他手缝针法的基础,用途很广,如抽袖山吃势、抽细褶等(图 1-1-5)。

(2)操作手法:右手在捏住针的同时用无名指与小指夹住布料,左手拇指放在布上面,食指、中指、无名指放在布下面,将两层布夹住、绷紧,右手拇指、食指起针。根据线迹要求一上一下向前移动,同时左手向后退移,在连续 3、4 针后,将针顶足并拔出,如此循序渐进(图 1-1-6)。

(3)工艺要求:针距大小一致,线迹均匀、顺直整齐或圆顺,缝线松紧适宜。

图 1-1-5　抽细褶

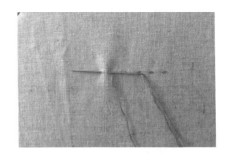

图 1-1-6　平针手法

（二）回针

（1）用途：回针又称"勾针"，既是常用手针缝制工艺，也是服饰刺绣针法之一。主要用于领口弧线和裤后裆缝等需要加固的部位，也可用于绣图案轮廓或填充图案（图 1-1-7）。

（2）操作手法：自右向左前进，起针向右后退 0.2 cm ~ 0.5 cm，再前进 0.4 cm ~ 1 cm。如此循序渐进（图 1-1-8）。

（3）工艺要求：针距大小一致，线迹均匀、顺直整齐或圆顺，缝线松紧适宜。

图 1-1-7　回针绣图案

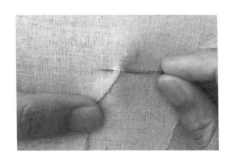

图 1-1-8　全回针手法

（三）环针

（1）用途：环针又称"绕缝"，是将毛缝边口环光的针法。在衣片的边缘部位或衣片中剪开的部位，用缝线环绕住毛边以防纱线脱出。常用于省道开剪部位（图 1-1-9）。

（2）操作手法：一般选用单根棉线，不易滑动。从边缘端点处开始，顺毛边从下向上插针，依次向前移动针距进行插针，缝线呈斜向均匀地环住毛边，使纱线不能脱落（图 1-1-10）。

图 1-1-9　处理省道开剪部位

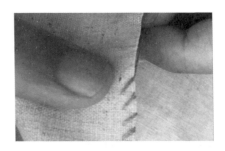

图 1-1-10　环缝手法

（3）工艺要求：缝线松紧适宜，不能太紧，环缝斜向排列一致，针距大小相同，毛边要环缝住。

（四）缲针

（1）用途：缲针分为明缲针和暗缲针两种。明缲针是线迹略露在贴边外面的针法，多用于服装下摆贴边；暗缲针是线迹在底边缝口内的针法，常用于旗袍滚边及一般暗处的缝合等（图1-1-11、图1-1-12）。

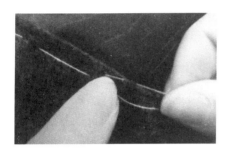 

图1-1-11　明缲针法缲领底　　　　　　　图1-1-12　暗缲针法缲旗袍滚边

（2）明缲针操作手法：先把衣片贴边扣烫好。第一针从贴边中间向左上挑出，使线结藏在中间，第二针在离开第一针向左约0.2 cm挑过衣片大身和贴边口，针距为0.4 cm～0.5 cm，针穿过衣片大身时，只能挑起一两根纱丝，从右向左，循环往复进行（图1-1-13、图1-1-14）。

暗缲针操作手法：整个针法自右向左进行。先把折边翻开一点，在折边旁起针，然后针尖挑起衣片的一两根纱线，接着挑起折边并向前0.5 cm～0.7 cm，使缝线藏在折边内，但缝线不能拉紧（图1-1-15、图1-1-16）。

（3）工艺要求：明缲针、暗缲针的正面都不能露线迹，反面线迹整齐，针距相等，线松紧适宜。

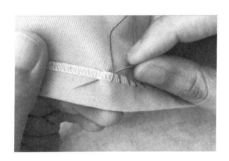 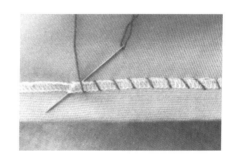

图1-1-13　明缲针操作手法　　　　　　　图1-1-14　明缲针线迹

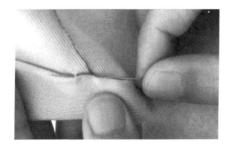 

图1-1-15　暗缲针操作手法　　　　　　　图1-1-16　暗缲针线迹

（五）三角针

（1）用途：三角针俗称黄瓜架。在服装的贴边处绷三角针针法，使贴边与衣身固定。常用于裤脚、袖口、衣片下摆，裙摆贴边等处，也可用于装饰（图1-1-17）。

（2）操作手法：三角针距边约0.6 cm，呈正三角形。整个针法自左向右进行呈"v"字形。第一针从贴边内挑起，距边0.6 cm，针从贴边正面穿出。第二、三针向后退，缝在衣片反面紧靠贴边边缘处，挑住1～2根纱线，线迹为0.8 cm。第四、五针再向后退，缝在贴边处，正面距边0.6 cm，第一针与第四针的距离为0.8 cm。第六、七针继续向后退，操作方法同第二、三针。如此反复循环操作即成三角针（图1-1-18）。

（3）工艺要求：缝线松紧适中，针迹整齐、距离均匀，三角大小一致，衣片正面不露针迹。

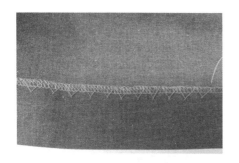
图1-1-17　三角针固定衣摆贴边

图1-1-18　三角针手法

（六）锁针

（1）用途：主要用于手工锁扣眼，也可用于处理毛缝，防止布料脱散，还可用于装饰。扣眼有平头和圆头之分，平头扣眼主要用于衬衫、T恤衫等，圆头扣眼主要用于西服等（图1-1-19、图1-1-20）。

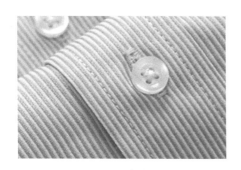
图1-1-19　衬衫扣眼

图1-1-20　西装圆头扣眼

（2）操作手法：以平头扣眼为例。首先将布对折剪开，扣眼大小为纽扣直径加上纽扣厚度。然后从扣眼尾端起针，线在衣片中间带出，使线结藏于衣片中。针从扣眼的尾端起，将针尾后的线绕过针的左下抽出针，朝右上方拉线，针距为0.15 cm，以此循环。锁到扣眼的另一端时，针要从下方穿出顶端，然后再从正面插入另一边顶端，继续使用锁针。锁到扣眼尾端时，把针穿过左面第一针锁线圈内，使尾端锁线连接并在尾端缝两针平行。最后从扣眼中间空隙处穿出,缝两针固定缝线,在反面打结,并将线结留在衣片夹层内(图1-1-21～图1-1-24)。

（3）工艺要求:缝线松紧适宜,不能太紧,环缝斜向排列一致,针距大小相同,毛边缝住。

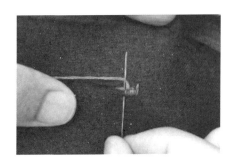 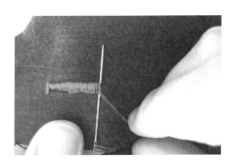

图1-1-21　起针　　　　　　　　　　　图1-1-22　转弯

图1-1-23　收尾　　　　　　　　　　　图1-1-24　平扣眼效果

（七）链绣

（1）用途:链绣是所有刺绣针法中用途最广泛的一种,可以用来绣图案轮廓,也可以填充图案。

（2）操作手法:首先将针从布料反面穿出,第二针从第一针穿入后再挑出,同时将线绕到第二针前方,然后抽出线形成一个环,再返回到第二针绕线,并从第三针抽出,如此反复循环操作(图1-1-25～图1-1-28)。

（3）工艺要求:针距均匀,线迹松紧适宜。

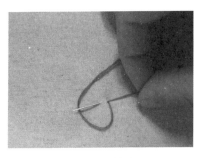 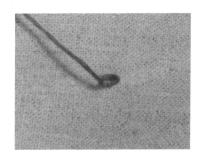

图1-1-25　绕线圈　　　　　　　　　　图1-1-26　拉线

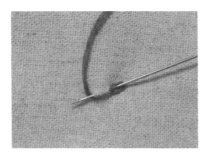

图 1-1-27　第二次绕线圈

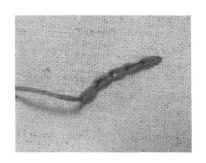

图 1-1-28　链绣线迹

（八）雏菊绣

（1）用途：雏菊绣也叫"分离式链绣"，由链绣变化而来，可以用于绣各种各样的花和叶子（图 1-1-29 ~ 图 1-1-31）。

（2）操作手法：在图 1-1-28 操作的基础上，将针在线圈前穿入反面。

（3）工艺要求：针距均匀，线迹松紧适宜。

（九）法国结粒绣

（1）用途：法国结粒绣也叫"法式线结"，是一种凸起的线迹。传统的法国结粒绣只在针上绕一圈线，现在很多根据设计绣很多圈的方法也很广泛。可用于填充图案，也可单独使用。

（2）操作手法：首先将针从布料反面穿出后，将线在针上绕线，然后将针再穿入第一针或其附近，最后抽针拉线（图 1-1-32 ~ 图 1-1-34）。

（3）工艺要求：绕线要紧，拉线不能太紧。

图 1-1-29　链绣 + 雏菊绣

图 1-1-30　雏菊绣 + 法国结粒绣

图 1-1-31　雏菊绣线迹

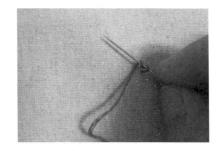

图 1-1-32　绕线圈

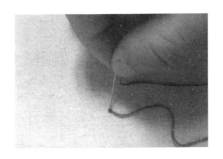

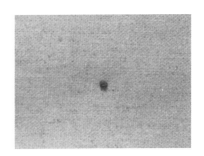

图 1-1-33　穿入第一针或其附近　　　　图 1-1-34　法国结粒绣线迹

任务实训——小熊包

针对手缝工艺训练,特设置小熊包制作实例。

一、缝制工艺要求

(1) 工艺流程:备料→设计→裁剪→缝制→抽线→填充→抽线→缝合→整理完成。

(2) 质量要求:针迹平直,外形美观。

(3) 所用缝型:回针、缲针、锁针、环针。

二、制作步骤

(1) 备料:一片包身、一片包盖、一片小熊头、两片小熊鼻子、四片小熊耳朵、一片蝴蝶结和一粒扣子(图 1-1-35)。

(2) 缝制小熊耳朵:首先将小熊两片耳朵位置摆放好,然后采用回针距离小片耳朵边缘约 0.3 cm 处将其缝合在一起。要求针距均匀,线迹圆顺(图 1-1-36)。

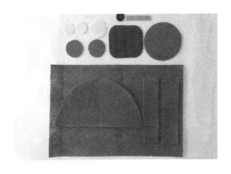

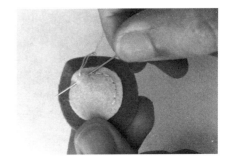

图 1-1-35　备料　　　　　　　　　图 1-1-36　缝制小熊耳朵

(3) 缝制小熊鼻子:将小熊鼻子放在小熊头下方靠近边缘约 1 cm 处,然后采用缲针固定在小熊头上(图 1-1-37)。

(4) 缝制小熊眼睛和鼻孔:用气消笔画好小熊的眼睛和鼻孔,然后采用回针缝制(图 1-1-38)。要求针距均匀,左右眼睛、鼻孔大小一致。

(5) 固定小熊耳朵:设计好小熊耳朵的位置,采用缲针将其固定在小熊头的反面(图 1-1-39)。

（6）固定小熊头：将小熊头与包盖下方边缘对齐，然后采用缲针在小熊头边缘固定（图1-1-40）。

（7）包底做标记：在包身中间画出两行平行线作为包底，包底宽与包侧片宽度一致（图1-1-41）。

（8）缝制侧片：将侧片与包身对齐，采用锁针固定（图1-1-42）。

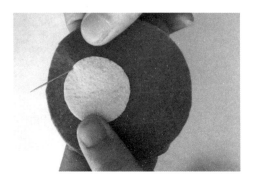

图1-1-37　缝制小熊鼻子

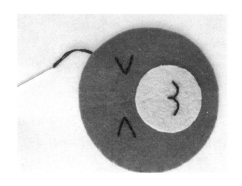

图1-1-38　缝制小熊眼睛

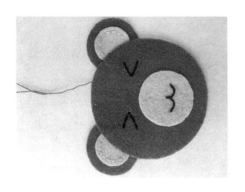

图1-1-39　固定小熊耳朵

图1-1-40　固定小熊头

图1-1-41　包底做标记

图1-1-42　缝制侧片

（9）固定包盖：将包盖与包身上口对齐，采用环针缝合固定。要求针距均匀，大小一致，松紧适宜（图1-1-43、图1-1-44）。

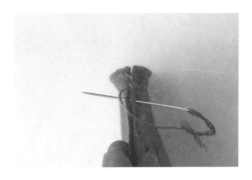

图 1-1-43 缝制包盖

图 1-1-44 固定包盖效果

（10）锁扣眼：首先用气消笔在小熊鼻子上画出扣眼大小，然后采用锁针缝制扣眼。要求针距均匀，扣眼宽窄一致（图 1-1-45）。

（11）钉扣：找到合适的扣位，将扣子钉在包身正面（图 1-1-46）。

（12）制作蝴蝶结：首先将制作蝴蝶结的布片中间用平针缝一条线，然后将其抽紧，再用 1 cm 宽布条把抽线部分包住，用缲针固定（图 1-1-47），最后蝴蝶结固定在小熊头下方的包身上，小熊包成品如图 1-1-48 所示。

图 1-1-45 缝制扣眼

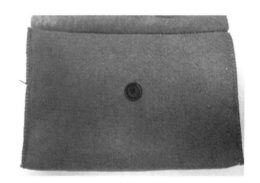

图 1-1-46 钉扣

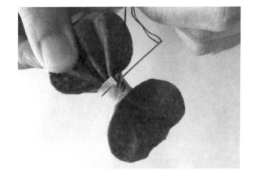

图 1-1-47 缝制蝴蝶结

图 1-1-48 成品

任务实训——针插

针对手缝工艺训练,特设置针插制作实例。

一、缝制工艺要求

(1)工艺流程:备料→设计→裁剪→绣图案→抽线→填充→抽线→缝合→整理完成。
(2)质量要求:针迹平直,缝合紧密,外形美观。
(3)所用缝型:平针、三角针、链绣、雏菊绣、法国结粒绣。

二、制作步骤

(1)备料:三片圆形布片,其中两片是不织布,用于做针插底部,另一片是棉麻布,用于做针插顶部。此外,还需要适量填充棉和一个塑料盒盖(图1-1-49)。
(2)棉麻布刺绣:在棉麻布上用气消笔画出刺绣图案,然后采用链绣针法绣图案轮廓,第二层采用雏菊绣,中间花心采用法国结粒绣。要求针距均匀,线迹松紧适宜(图1-1-50)。

图1-1-49　备料

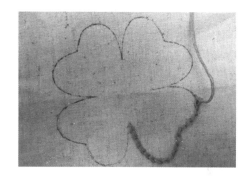

图1-1-50　绣图案轮廓

(3)做针插顶:首先在绣好图案的棉麻布边缘1 cm处,用大针距平缝一圈,然后抽褶成立体形状,将填充棉放入其中抽紧缝线,再多缝几针固定(图1-1-51、图1-1-52)。

图1-1-51　做针插顶(1)

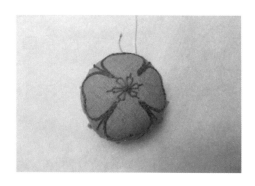

图1-1-52　做针插顶(2)

(4)做针插底:分别在两片针插底边缘1 cm处,用大针距平缝一圈,然后将盒盖放在里层针插底中间抽褶,再将其放在外层针插底抽褶,最后将其两层固定(图1-1-53、

图 1-1-54)。

（5）固定针插底和顶：将针插顶放入盒盖里塞紧，然后采用三角针固定（图 1-1-55），针插成品如图 1-1-56 所示。

图 1-1-53　针插里层底抽褶

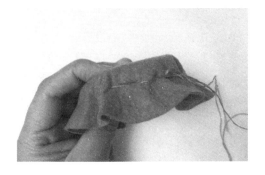

图 1-1-54　针插里层底抽褶固定

图 1-1-55　固定针插顶和底

图 1-1-56　成品

课后拓展

自由设计一件工艺品，要求包含所学工艺。

任务二　机缝工艺

任务描述

机缝又称车缝，是指用缝纫机械来完成缝制加工服装的过程。其特点是速度快、针迹整齐且美观。随着缝纫机械的不断发展，在现代服装生产中，机缝工艺已经成为整个缝制工艺中的主要部分，对于服装设计制作人员来说，精通机缝工艺要领，掌握机缝工艺技巧是必备的技能（图 1-2-1）。

本次任务以手提包、零钱包和袖套为例，引入常用缝型工艺（图 1-2-2）。

图 1-2-1 高级成衣

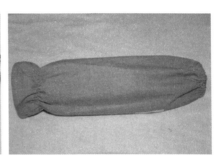

手提包 零钱包 袖套

图 1-2-2 机缝工艺品

任务目标

- 掌握平缝机的基本操作方法,会简单的缝纫故障排除;
- 掌握常用的缝型车缝方法,会各种布艺设计制作。

任务准备

一、材料准备

1. 面料(图 1-2-3)

印花棉布 棉麻布料 纯棉帆布

图 1-2-3 面料

2. 辅料(图 1-2-4)

缎带   松紧带   绳带

图 1-2-4 辅料

二、知识准备

(一) 认识平缝机

服装行业飞速发展,工业平缝机的种类和型号也不断增加。现在工业平缝机虽然种类繁多,外观各有不同,但从机械结构传动原理上来看基本上相似(图 1-2-5、图 1-2-6)。

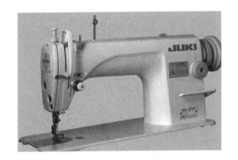 

图 1-2-5 工业平缝机   图 1-2-6 电脑平缝机

(二) 使用工业平缝缝纫机应注意的事项

(1) 上机前进行安全操作和用电安全常识学习。

(2) 工作中机器出现异常声音时,要立即停止工作,并及时进行处理。

(3) 面线穿入机针孔后机器不空转,以免轧线。

(4) 对于电动缝纫机,要做到用时开,工作结束或离开机器立即关闭。

(5) 工作中手和机针要保持一定距离,以免造成机针扎伤手指等意外事故。

(三) 操作练习

车缝练习是正确使用工业平缝机的基本功,每个初学者必须认真学习。电动平缝机是离合器电机传动,这种离合器的传动很灵敏,脚踏的力量越大,缝纫速度越快,反之缝纫速度则慢。通过脚踏用力的大小就可随意调整缝纫机的转数。所以只有加强练习,才能掌握好工业平缝机的使用。

1. 机缝实训步骤

(1) 使用者身体需坐正,坐凳不要太高或太低。

（2）右脚放在脚踏板上，右膝靠在膝控压脚的碰块上，练习抬、放压脚。

（3）控制机速练习，先不穿引缝线，空车起步、慢速、中速、停机练习，起步时要缓慢用力，停机要迅速将脚踏板朝后踩，以中速为主，反复进行，熟练掌握为准。

（4）倒顺针练习，用一层厚纸，练习起针和落针打回针。

（5）缝纫机设备的基本部位介绍如图 1-2-7 ~ 图 1-2-12 所示。

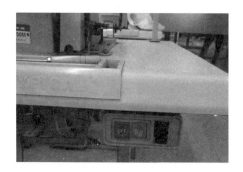

图 1-2-7　平缝机开关

图 1-2-8　抬压脚

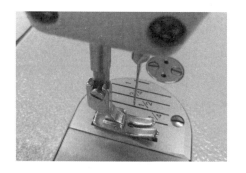

图 1-2-9　机针长槽正对外侧

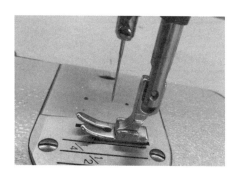

图 1-2-10　机针扁平面正对内侧

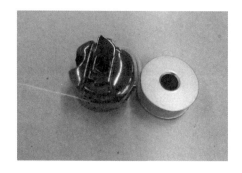

图 1-2-11　梭芯、梭壳

图 1-2-12　放置梭芯、梭壳

2. 机缝实训方法

掌握空车车缝速度后可进行穿线练习。先缉直线，后缉弧线，然后进行不同距离的平行直线、弧线的练习，还可以练习各种图形，使手、脚、眼协调配合，做到纸上针孔整齐，直线不弯，弧线圆顺，短针迹或转弯不出头（图 1-2-13、图 1-2-14）。

图 1-2-13　直线练习

图 1-2-14　弧线练习

（四）机缝前的准备

1. 针线的选用

机针型号规格有 9 号、11 号、14 号、16 号、18 号，号码越小针越细，号码越大针越粗。缝料越厚越硬，应选择越粗的机针；衣料越薄越软，选择越细的机针。缝线的选用在原则上与针一样（表 1-2-1）。

表 1-2-1　机针用途

机针型号	9	11	14	16	18
用　途	薄料	丝绸料	中厚料棉	厚料	牛仔及粗呢

2. 针迹、针距的调节

针迹清晰、整齐，针距密度合适都是衡量缝纫质量的重要标准。针迹的调节由调节装置控制，往左旋针距长，往右旋转针距短针距调节也必须按衣料的厚薄、松紧、软硬进行合理安排，车缝薄、松、软的衣料时，底面线都应适当的放松，压脚压力送布牙也应适当放低，这样缝纫时可避免绉缩现象。表面起绒的面料，为使线迹清晰，可以略将面线放松，卷缉贴边时，因反缉可将底线略放松。

机缝前必须先将针距调节好。缝纫针距要适当，针距过大不仅影响美观，而且影响牢度。针距过密也不美观，而且易损衣料。一般情况下，薄料、精纺料每 3 cm 长度为 14 针 ~ 18 针；厚料、粗纺料每 3 cm 长度为 8 针 ~ 12 针。

（五）机缝的操作要领

（1）在衣片缝合无特殊要求的情况下，机缝时都要保持上下松紧一致，下层衣片受到送布牙的直接推送作用走得较快，而上层受到压脚的阻力和送布间接推送转慢，往往衣片缝合后产生上层长，下层短，或缝合的衣缝有松紧绉缩现象。所以要针对机缝这些特点，采取相应的操作方法。在开始缝合时就要注意手势，左手向前稍推送衣片，右手把下层稍拉紧。这样才能使上下衣片始终保持松紧一致，不起链形。

（2）机缝起针和落针要缉倒回针，但倒针交接不能出现双轨线迹。

（六）各种缝型的机缝方法

（1）平缝：衣片正面相对，在反面沿着缝份进行缝合，一般缝头宽为 1 cm 左右（图 1-2-15）。

（2）分缝：衣片平缝后，将缝份分开熨烫，用于衣片的拼接（图1-2-16）。

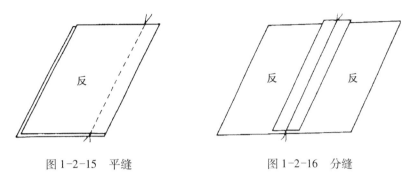

图1-2-15　平缝　　　　　　　　　图1-2-16　分缝

（3）坐倒缝：两层衣片平缝后，两层缝份倒向一边，主要用于较薄面料缝合或里布的缝合（图1-2-17）。

（4）扣压缝：衣片正面相对，在反面沿着缝份进行缝合，然后在衣片正面缝线两边各缉压一道明线，主要用于衣片拼接部位的装饰和加固作用（图1-2-18）。

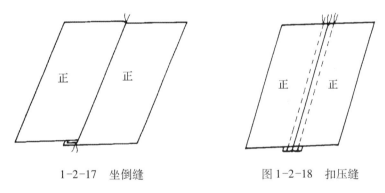

1-2-17　坐倒缝　　　　　　　　　图1-2-18　扣压缝

（5）坐缉缝：衣片正面相对，在反面沿着缝份进行缝合，然后将缝份分烫，两层面布同时倒向缝份一侧，在反面将一层缝份和两层面布对齐缉面压0.1 cm明线，主要用于衣片拼接部位起加固作用（图1-2-19）。

（6）搭缝：两层衣片缝头相搭1 cm，居中缉一道线，使缝份平薄、不起梗，主要用于衬布和某些需拼接又不显露在外面的部位（图1-2-20）。

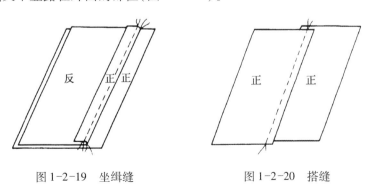

图1-2-19　坐缉缝　　　　　　　　　图1-2-20　搭缝

（7）卷边缝：衣片反面朝上，把缝头折光后再折转所需宽度，沿贴边的边缘缉所需宽度的明线。注意上下层线迹松紧一致，防止起链（图1-2-21）。

（8）包边缝：也叫"夹缝"，把包边缝面料两边折光，折烫成双层，下层略宽于上层，把衣片夹在中间，沿上层边缘缉0.1 cm线迹，把上、中、下三层一起缝牢。主要用于包缝口袋边缘、装袖衩、裤腰等（图1-2-22）。

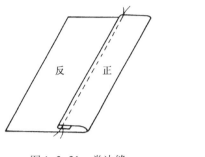
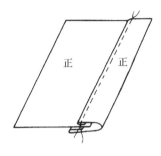

图1-2-21　卷边缝　　　　　　　　　　图1-2-22　包边缝

（9）落漏缝：也叫"灌缝"，是把面料两边折光，折烫成双层，下层宽于上层0.1 cm，先将上层对齐面料缉缝1 cm线迹，然后将上下层夹住面料放平，在正面灌缝一道线迹，同时缉压下层0.1 cm。主要用于装腰头、绱衬衣领子等（图1-2-23）。

（10）来去缝：将面料反面对反面，缉缝0.5 cm线迹，修剪缝份为0.3 cm，然后翻至反面熨烫，再缉缝0.5 cm线迹，把第一道毛缝包在里面。主要用于口袋毛边处理、薄料衬衫、衬裤等（图1-2-24）。

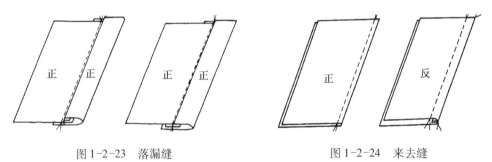

图1-2-23　落漏缝　　　　　　　　　　图1-2-24　来去缝

（11）明包缝：也叫"外包缝"，正面为双线。两层衣片反面相对，下层衣片缝头放出0.8 cm包转，再把包缝向上层正面烫倒，缉0.1 cm明线。主要用于男衬衣、茄克衫和袖套等（图1-2-25）。

（12）暗包缝：也叫"内包缝"，正面为一条单线，两层衣片正面相对，下层衣片缝头放出0.6 cm包转，再把包缝向上层正面烫倒，缉0.1 cm明线。主要用于男衬衣、茄克衫等（图1-2-26）。

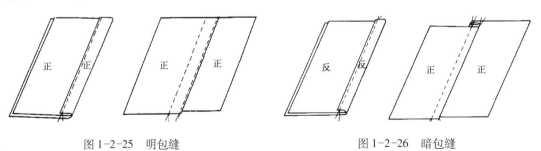

图1-2-25　明包缝　　　　　　　　　　图1-2-26　暗包缝

任务实训——手提袋

一、缝制工艺要求

（1）工艺流程：备料→裁剪→熨烫→缝合→整理完成。

（2）质量要求：线迹顺直，缝份大小一致，外观平整美观。

（3）所用缝型：扣压缝，坐缉缝，漏落缝。

二、制作步骤

（1）备料：20 cm×24 cm 面料两片、7 cm×38 cm 面料一片、4 cm×44 cm 面料两片。

（2）扣压缝口袋底部：按照 1 cm 缝份缉缝底部并分烫，左右缝份各缉缝 0.5 cm 线迹，起针和落针各留 1 cm 余量备侧缝缝制用（图 1-2-27）。

（3）坐缉缝口袋两侧：口袋两侧正面相对，采用缉缝 1 cm 缝份并分烫，两层面布同时倒向缝份一侧，在反面将一层缝份和两层面布对齐缉面压 0.1 cm 明线（图 1-2-28）。

（4）落漏缝袋口：熨烫包边条，然后缉缝包条两端，采用落漏缝缝制袋口（图 1-2-29 ~图 1-2-32）。

图 1-2-27　扣压缝口袋底部

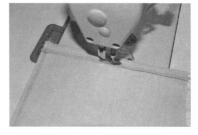

图 1-2-28　坐缉缝侧缝

图 1-2-29　熨烫包条

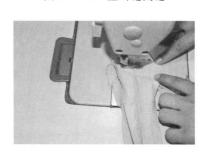

图 1-2-30　缉缝包边条两端

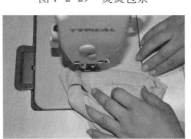

图 1-2-31　缉缝包边条和袋口

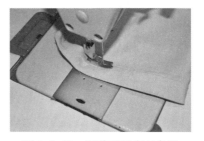

图 1-2-32　漏落缝固定包条里

（5）做带子：将带条对齐折烫，两端折净熨烫，缉缝 0.1 cm 后固定在袋口上（图 1-2-33 ~ 图 1-2-35），手提袋成品如图 1-2-36 所示。

图 1-2-33　熨烫带子

图 1-2-34　缉缝带子

图 1-2-35　固定带子

图 1-2-36　成品

任务实训——零钱包

一、缝制工艺要求

（1）工艺流程：备料→裁剪→熨烫→缝合→整理完成。
（2）质量要求：线迹顺直，缝份大小一致，外观平整美观。
（3）所用缝型：来去缝，包边缝。

二、制作步骤

（1）备料：20 cm×24 cm 面料两片、8 cm×42 cm 面料一片、绳子 80 cm。

图 1-2-37　正面缉缝 0.5 cm

图 1-2-38　反面缉缝 0.5 cm

（2）来去缝口袋边缘：将两层袋布正面相对，按照 0.5 cm 缝份缉缝袋布一圈，将缝份修剪成 0.3 cm，倒向面布熨烫，然后翻至正面缉缝 0.5 cm 明线（图 1-2-37、图 1-2-38）。

（3）包边缝袋口：熨烫包边条，沿上层缉缝 0.1 cm 明线（图 1-2-39 ~ 图 1-2-41）。

（4）穿绳：将抽绳穿入上口，零钱包成品如图 1-2-42 所示。

图 1-2-39　熨烫包条

图 1-2-40　缉缝包边条两端

图 1-2-41　固定包边条

图 1-2-42　成品

任务实训——袖套

一、缝制工艺要求

（1）工艺流程：备料→裁剪→熨烫→缝合→整理完成。

（2）质量要求：线迹顺直，缝份大小一致，外观平整美观。

（3）所用缝型：明包缝，暗包缝和卷边缝。

二、制作步骤

（1）备料：20 cm×37 cm 面料两片，松紧带适量。

（2）明包缝一边侧缝：两层衣片反面相对，下层衣片缝头放出 0.8 cm 包转缉缝 0.1 cm 明线，再把下层布料打开，缝份向上层布料正面的一边烫倒，然后缉 0.1 cm 明线（图 1-2-43 ~ 图 1-2-46）。

（3）暗包缝另一边侧缝：将两层袖套正面相对，下层衣片缝头放出 0.6 cm 包转，再把包缝向上层正面烫倒，缉 0.1 cm 明线（图 1-2-47 ~ 图 1-2-50）。

图 1-2-43　折烫 0.8 cm

图 1-2-44　缉缝 0.1 cm 明线

图 1-2-45　熨烫缝份

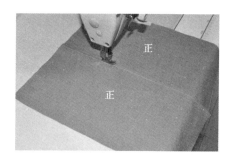

图 1-2-46　缉缝 0.1 cm 明线

图 1-2-47　折烫 0.8 cm 缝份

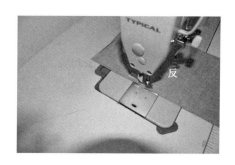

图 1-2-48　缉缝 0.1 cm 线迹

图 1-2-49　熨烫缝份

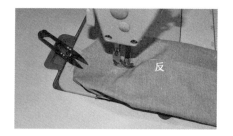

图 1-2-50　缉缝 0.1 cm 线迹

（4）卷边缝上口：先折烫 0.4 cm 缝份，再折烫 0.6 cm，然后缉缝 0.1 cm 明线。

（5）上口缉缝松紧带：将松紧带两头车缝固定，然后将其车缝在距袖套上口 5 cm 处

（图1-2-51、图1-2-52）。

图1-2-51　缉缝松紧带　　　　　　　　　图1-2-52　固定松紧带

（6）卷边缝下口：将袖套下口缝头先折烫0.5 cm，再折烫1.5 cm，沿贴边缉缝0.1 cm明线。注意要留出穿松紧带的口（图1-2-53）。

（7）下口穿松紧带：将松紧穿入下口卷边中，然后车缝固定松紧带两端，再将预留的口车缝0.1 cm固定（图1-2-54、图1-2-55），袖套成品如图1-2-56所示。

图1-2-53　缉缝0.1 cm线迹　　　　　　　图1-2-54　缝合松紧带

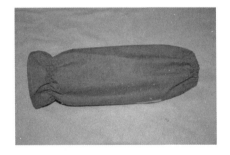

图1-2-55　封下口　　　　　　　　　　　图1-2-56　成品图

课后拓展

自由设计一件工艺品，包含所学手缝工艺和机缝工艺。

项目二 裙装制作工艺

任务一 西装裙制作工艺

任务描述

西装裙也叫"一步裙""筒裙"等,其特点是贴身合体,外观较简练,造型优雅而不失庄重感,是白领女性在职场中常穿的一种服装(图2-1-1)。

图2-1-1 各种西装裙款式

本任务选择外轮廓为合体直身,底摆略收,装腰头,前后裙片各收4个省,后中缝上部装隐形拉链,后中缝下部开衩的西装裙作为实训项目(图2-1-2)。

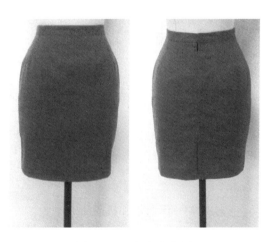

图2-1-2 任务实物图

任务目标

- 设计西装裙款式图；
- 编写西装裙工艺单；
- 设计西装裙结构图和制作样板；
- 设计西装裙裁剪方案；
- 收省、绱隐形拉链、制作开衩、绱腰头；
- 西装裙整烫和质验。

任务准备

（1）面料：可选用一般毛料、薄呢类、混纺类织物（图2-1-3）。幅宽一般为144 cm，用量约75 cm，估算式为腰围+（6 cm～8 cm），如果腰头拼接，其用量为裙片长+（6 cm～8 cm）。

毛料　　　　　　　　　薄呢　　　　　　　　毛涤混纺

图2-1-3　西装裙面料

（2）辅料：里料一般选用同色涤丝纺、尼丝纺等织物，幅宽一般为144 cm，用料约55 cm；有纺薄衬或无纺黏合衬适量；配色隐形拉链1条，长约25 cm；挂钩一对（图2-1-4）。

涤丝纺　　　　　　　　尼丝纺　　　　　　　纯棉平纹布

无纺衬　　　　　　　　隐形拉链　　　　　　　挂钩

图2-1-4　辅料

任务实施

一、制定技术文件

（一）编写工艺单（表2-1-1）

表2-1-1　西装裙工艺单　　　　　　　　　　　　　　　　　　　　　　单位:cm

客户	×××	款号	×××	合同号	×××	生产日期	×××	生产部门	×××
品名	西装裙			样板号	×××	生产单号	×××	交货期	×××

尺寸 部位	尺寸规格表			面料（贴样）	里料（贴样）	备注:隐形拉链1条,无纺衬,挂钩1对
	155/80A	160/84A	165/88A			
裙长	46	48	50			
腰围	64	66	68			
臀围	90	94	98	验布:检查面料是否有色差、布疵、污渍等现象		
臀高	17	18	19	裁剪要求:裁片准确,刀眼不可超过0.5 cm,裁片要进行编号		

款式图：

缝制工艺要求:

1. 面料用14号针,里料用11号针,针距:14针/3 cm ~ 16针/3 cm
2. 包缝需明确包缝部位及手法,数量要准确,无遗漏
3. 收省需省大、省长符合规格,省缝直而尖,打结要结实并要紧靠省,面里料省烫倒方向要正确
4. 装拉链需左右长短松紧一致,整体平服,不露拉链齿
5. 绱腰头需腰头缝制标记要与裙片相应位置一致,不错位,面里松紧适宜,缝份大小一致,面里平服,无链形
6. 裙开衩门里襟长短一致,平服,无起吊
7. 底摆贴边宽窄一致,三角针针距大小一致,正面不露针迹

后整理要求:

1. 覆黏合衬部位无脱胶、起泡、起皱
2. 各部位熨烫平服、整洁,无烫黄、水渍、极光

（二）规格设定

1. 成品规格（表2-1-2）

表2-1-2　成品规格　　　　　　　　　　　　　　　　　　　　　　　单位:cm

名称	号/型	裙长（L）	腰围（W）	臀围（H）
规格	160/66A	48	66	90 + 4（放松量）= 94

2. 细部规格(表2-1-3)

表 2-1-3 细部规格

单位:cm

名称	腰头宽	后衩高	后衩宽	底摆折边	腰头里襟宽
规格	3	12	3.5	4	3

(三) 结构制图

1. 面料结构制图(图2-1-5)

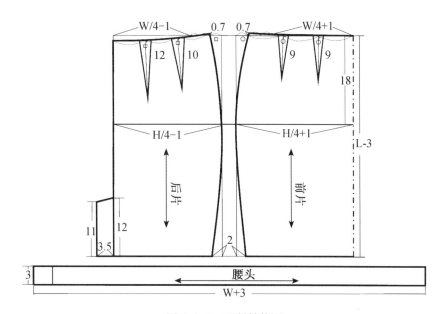

图 2-1-5 面料结构图

2. 里料结构处理

由于西装裙后中开衩,女裙开衩一般为右片盖住左片,所以右后片里料纸样要先进行处理再放缝(图2-1-6)。

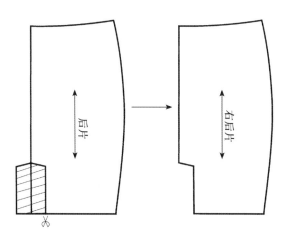

图 2-1-6 右后片里料结构处理图

（四）制作样板

1. 面里料放缝

（1）面料样板：侧缝放缝 1 cm～1.2 cm；后中装拉链放缝 1.2 cm～1.5 cm；开衩部位放缝 1 cm；底摆贴边放缝 3 cm～4 cm；腰头放缝 1 cm。

（2）里料样板：侧缝放缝 1.3 cm；后中装拉链放缝 1.2 cm～1.5 cm；开衩部位放缝 1.3 cm；底摆贴边放缝 1 cm。

2. 样板校对

（1）根据款式图校对：检查样板是否完整及是否符合款式图要求。

（2）样板规格校对：检查样板各部位的规格是否与预先设定的规格相吻合。检验的项目有长度、围度和宽度。在裙子样板中主要校对腰围、臀围、底摆围度尺寸和裙长。另外还须核对开衩长度和宽度、省道长度、拉链长度等小部件的规格设置是否合理。

（3）缝合边校对：在服装样板中，除某些特定位置的缝合边因服装造型的需要须设定一定的缝缩量外，一般两条对应缝合边的长度应该相等。在裙子缝合边的检验和校对中，主要核对前后侧缝、左右后中缝的长度是否一致；腰头与裙片腰口长度是否吻合。

（4）样板标识检验：检查样板的剪口是否做好，应有的标识如裁片名称、裁片数量、丝缕方向、款式编号、规格等是否在样板上标注完整。

二、裁剪

（一）面料铺料、排料

将面料正正相对、布边对齐铺料，排料（图2-1-7）。

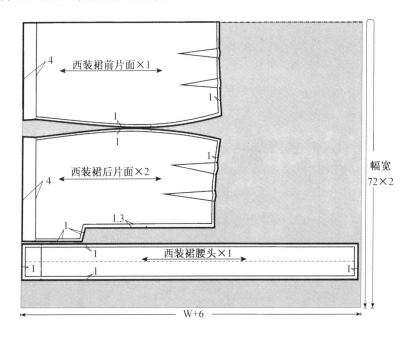

图 2-1-7　面料放缝与排料图

（二）里料铺料、排料

单层反面铺料,靠一边布边排料(图2-1-8)。

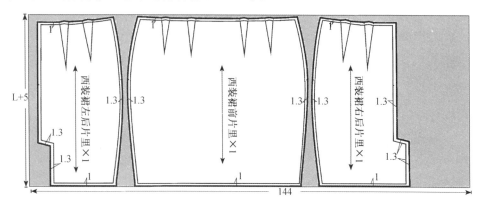

图2-1-8 里料放缝与排料图

（三）检查裁片数量（表2-1-4)

表2-1-4 裁片数量

材料	面料			里料			无纺衬	
名称	前裙片	后裙片	腰头	前裙片	后裙片	腰面	开衩	后中绱拉链处
数量	1	2	1	1	2	1	2	2

三、缝制工艺流程

做标记→烫衬→面料三线包缝→面、里料收省及烫省→缝合面料后中缝并分烫→面料绱拉链→缝合里料后中缝并烫缝→里料绱拉链→缝合面料侧缝并分烫→缝合里料侧缝并三线包缝→里料侧缝扣烫→卷里料底边→缝合面里料后开衩→做腰、绱腰→缲底边→钉挂钩→整烫→检验。

四、具体缝制工艺步骤及要求

（一）烫黏合衬、面料包缝

（1）用熨斗在腰面、后中和后衩贴边黏合无纺衬。注意根据面料性能,调至合适的温度、时间和压力,以保证黏合均匀、牢固、不起泡(图2-1-9)。

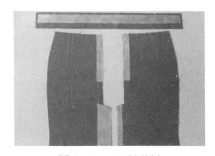

图2-1-9 面料黏衬

图2-1-10 面料包缝

（2）面料裙片除腰口外，其余裙片边缘均用三线包缝机包缝。包缝裙片时，正面在上，包缝线迹要均匀，宽窄一致，不空虚（图2-1-10）。

（二）面里料收省、烫省

（1）面料收省：在裙片反面沿省中线对折车缝省道，腰口处倒回针，距省尖约3 cm时调小线迹密度，车缝到省尖处留4 cm左右线头打结（图2-1-11、图2-1-12）。

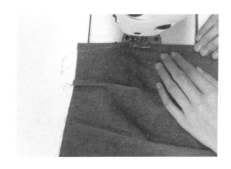 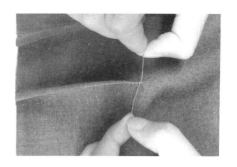

图2-1-11　车省　　　　　　　　　　　　图2-1-12　省尖打结

（2）面料烫省：将面料的前、后省缝分别向前后中烫倒，可以放在袖凳上熨烫（图2-1-13），也可一手在省尖前方提起，一手熨烫（图2-1-14）。要求省尖胖势要烫散，不可有窝点。面料烫省效果如图2-1-15所示。

（3）里料收省及烫省：里料收省方法与面料相同。里料省道熨烫时要将前、后省缝分别向两侧缝烫倒。里料烫省效果如图2-1-16所示。

图2-1-13　烫省方法（1）　　　　　　　　图2-1-14　烫省方法（2）

图2-1-15　裙片面省反面倒向中间　　　　图2-1-16　裙片里省反面倒向两侧

（三）缝合面料后中缝并分烫

（1）缝合后中缝：两后裙片正面相对，按 1.3 cm 缝份从拉链止口处起针（图 2-1-17），经开衩点，缝至距开衩折边 1 cm 处止（图 2-1-18）。然后在右片的开衩点缝份处打一斜剪口（图 2-1-19）。要求缝线顺直，剪口不剪断缝线。

（2）分烫缝份：将缝合后的后中缝烫平，并按净线向上烫平缝份延伸至腰口线，向下延伸至底摆折边（图 2-1-20）。

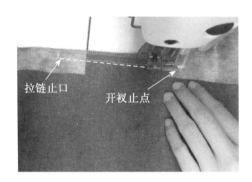

图 2-1-17　缝合面料后中

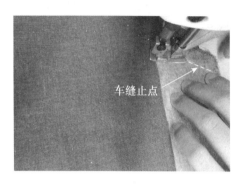

图 2-1-18　缝合面料开衩

图 2-1-19　转角处打剪口

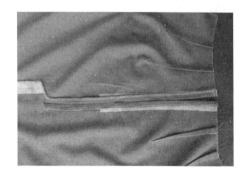

图 2-1-20　分烫面料后中缝

（四）绱面料拉链

（1）烫拉链：用熨斗尖快速熨（图 2-1-21）。

（2）面料绱拉链：换上隐形拉链压脚或单边压脚，拉链在上，裙片在下，两者正正相对假缝固定，在靠近拉链齿 0.1 cm 处再将后中缝与拉链车缝在一起（图 2-1-22）。要求拉链不外露，裙片平服，腰口处高低不错位（图 2-1-23）。

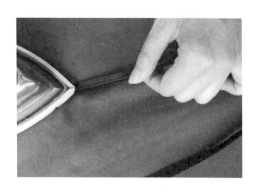

图 2-1-21　烫拉链

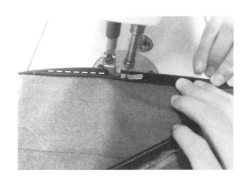 

图 2-1-22　绱面料拉链　　　　　　图 2-1-23　面料正面拉链闭合状态

（五）缝合里料后中缝并熨烫

（1）缝合里料后中缝：两后裙片里料正面相对，按 1 cm 缝份从开口止点下 1 cm 处起针，缝至开衩点（图 2-1-24）。

（2）烫缝：将缝合后的里料后中缝以 1.3 cm 缝份向两侧扣烫平服，开口部分按净线向上延伸烫至腰口线（图 2-1-25 ~ 图 2-1-27）。

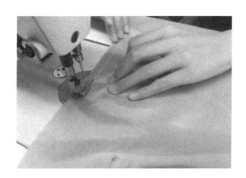 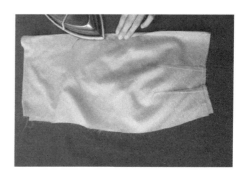

图 2-1-24　车缝里料后中缝　　　　图 2-1-25　扣烫里料后中拉链止口以下部分

图 2-1-26　分烫里料后中拉链止口以上部分　　　图 2-1-27　里料后中缝份扣烫效果

（六）绱里料拉链

里料正面与拉链反面相对，按缝份车缝固定里料、拉链、面料（图 2-1-28、图 2-1-29）。

图 2-1-28　里料绱拉链

图 2-1-29　里料正面拉链闭合状态

（七）缝合面料侧缝

面料后裙片在下,前裙片在上,正面相对分别缝合两边侧缝并分烫(图 2-1-30、图 2-1-31)。

图 2-1-30　缝合面料侧缝

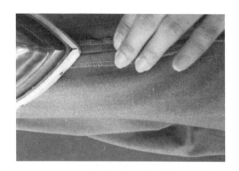

图 2-1-31　分烫侧缝

（八）缝合里料侧缝并扣烫

(1) 缝合里料侧缝:里料后裙片在下,前裙片在上,正面相对 1 cm 缝份缝合两侧缝(图 2-1-32)。

(2) 三线包缝里料侧缝:后裙片在下,前裙片在上包缝(图 2-1-33)。

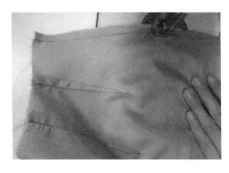

图 2-1-32　缝合里料侧缝

图 2-1-33　包缝里料侧缝

(3) 烫缝:按 1.3 cm 缝份向后片扣烫两侧缝(图 2-1-34),留出 0.3 cm 眼皮量。

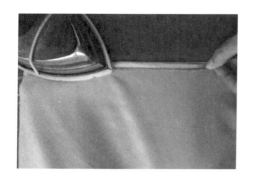

图 2-1-34　扣烫里料侧缝

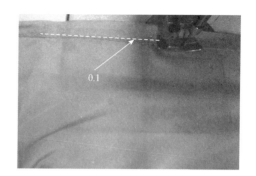

图 2-1-35　车缝里料底边

（九）烫里料底边、卷边

反面在上,在底边按第一次折 0.8 cm,第二次折 1.2 cm,沿边缉 0.1 cm(图 2-1-35)。要求开衩长短一致,线迹松紧适宜(图 2-1-36)。

（十）做裙开衩

（1）在里料开衩点缝份处打一 0.8 cm斜剪口,剪口不剪断缝线(图 2-1-37)。

（2）把里料左右后片开衩上端对齐(图 2-1-38),按净缝车缝至距开衩转角 1 cm处止(图 2-1-39)。

图 2-1-36　里料底边开衩长短一致

图 2-1-37　打剪口

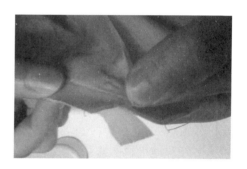

图 2-1-38　左右开衩上端对齐

图 2-1-39　车缝开衩

图 2-1-40　开衩转角打剪口

（3）在开衩转角缝份处打一 0.8 cm 斜剪口,剪口不剪断缝线(图 2-1-40)。

（4）缝合左里料开衩:在面里料开衩转角处,左片面里料开衩对齐,里料在上,面料在下,正面相对,车缝 1 cm 缝份至裙底摆 5 cm 处(图 2-1-41、图 2-1-42)。

（5）缝合右里料开衩:在面里料开衩转角处,右片面里料开衩对齐,里料在上,面料在下,正面相对,从裙底摆上 5 cm 处车缝 1 cm 缝份至开衩转角处。

图 2-1-41　面里料开衩转角止点对齐

（6）烫开衩:先熨烫开衩反面,再熨烫开衩正面。要求开衩平服,里料不反吐(图 2-1-43)。

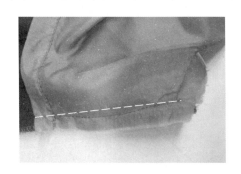

图 2-1-42　车缝面里料开衩边

图 2-1-43　熨烫开衩

（十一）做腰、缉腰

（1）固定裙片面里料腰口:将裙片面里料按照相应的对位点(省道、侧缝、前中)按照 0.5 cm 缝份车缝固定(图 2-1-44)。

（2）熨烫腰头:腰头反面相对,对折熨烫,腰面缝份按照 1 cm 扣烫,腰里缝份包住面料扣烫。要求腰里宽比腰面宽多出 0.1 cm(图 2-1-45)。

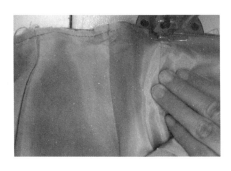

图 2-1-44　固定裙片面里料腰口

图 2-1-45　熨烫腰头

（3）腰头面里做对位标记:把腰头与裙片腰口对齐,分别在腰头门襟、左右侧缝、前中缝和里襟处用划粉做对位标记。

（4）做腰头里襟:腰头里襟正面相对车缝宽度和长度均为 3 cm,然后修剪缝份 0.5 cm,

在对折处剪去三角,翻到正面熨烫平整(图2-1-46)。

(5)绱腰头面:将腰头面和裙面正面相对,从腰头门襟净缝处沿折线车缝至腰头里襟处(图2-1-47)。然后将腰头门襟正面相对车缝1 cm(图2-1-48),修剪缝份,熨烫门襟和腰头缝份。要求腰头门襟与拉链平齐。

(6)固定腰里:腰面在上,腰里在下,从门襟处起针,用手针假缝固定腰里(图2-1-49),然后沿腰面缝份处漏落缝车缝固定腰里(图2-1-50、图2-1-51)。要求腰里绲0.1 cm,腰头门里襟长短一致。

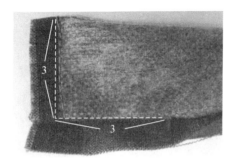

图2-1-46 做腰头里襟

图2-1-47 绱腰头面

图2-1-48 车缝腰头门襟

图2-1-49 假缝固定腰里

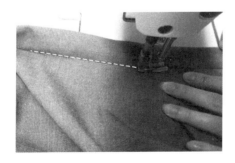

图2-1-50 漏落缝固定腰里

图2-1-51 腰里绲0.1 cm

(十二) 做底摆

(1)底摆按照4 cm折边扣烫(图2-1-52),开衩处长短要一致(图2-1-53)。

(2)修剪右门襟折边多余的部分(图2-1-54)。

（3）车缝右门襟开衩处的裙摆折边,按照开衩折痕对齐底摆缝合处,在底摆折痕下0.1 cm处车缝至右开衩边。要求左右开衩长短一致,底摆圆顺(图2-1-55~图2-1-57)。

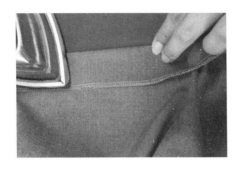

图2-1-52　扣烫底摆

图2-1-53　开衩长短一致

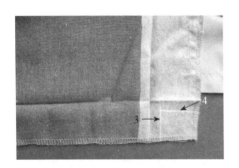

图2-1-54　修剪底摆

图2-1-55　车缝底摆(1)

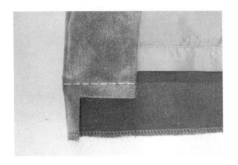

图2-1-56　车缝底摆(2)

图2-1-57　底摆开衩制作效果

图2-1-58　三角针固定底摆

图2-1-59　右后片三角针效果

（4）缲底边:用珠针或手缝长绗针暂时固定折边,然后用三角针法沿包缝线将裙底折边与大身缲牢。要求线迹松紧适宜,裙摆正面不露针迹(图2-1-58~图2-1-61)。

图 2-1-60　左后片三角针效果　　　　　　图 2-1-61　底摆正面效果

（十三）钉挂钩

在后右片腰里门襟距边 1.5 cm 处钉裙钩(腰面不能露线迹),在左后片腰面里襟距边 1.5 cm 处钉裙挂(图2-1-62、图2-1-63)。

图 2-1-62　钉挂钩(1)　　　　　　　　图 2-1-63　钉挂钩(2)

（十四）整烫

整烫前应先将裙子上的线头、粉印、污渍清除干净。

（1）裙子内部:把裙子翻到反面放到铁凳上,用蒸汽熨斗熨烫面里料侧缝、省道、裙身,再熨烫底摆。

（2）熨烫裙子外部:将裙子翻到正面,熨烫腰头、拉链、省道、裙身、开衩、底摆(图2-1-64、图2-1-65)。熨烫时应注意各部位丝缕是否顺直,如有不顺可用手轻轻抚顺,使各部位平挺圆顺。

图 2-1-64　熨烫腰头　　　　　　　　　图 2-1-65　熨烫开衩

（3）试穿效果（图2-1-66、图2-1-67）。

图2-1-66　成品（正面）　　　图2-1-67　成品（背面）

（十五）检验

这里使用的质量标准引自 FZ/T 81004—2012《中华人民共和国纺织行业标准》中有关"连衣裙、套裙"的质量规格要求。

1. 规格标准及测量

（1）规格标准：裙长 ±1.5 cm；腰围 ±1 cm；臀围 ±2 cm。

（2）成品规格测量：腰围以拉上拉链，沿腰头宽中间横量尺寸的 2 倍计算，如图2-1-68所示；臀围以沿裙装臀围部位摊平横量尺寸的 2 倍计算，如图2-1-69所示；裙长以腰上口沿侧缝摊平垂直量至裙子底边尺寸计算，如图2-1-70所示。

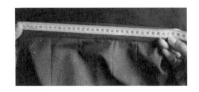  

图2-1-68　测量腰头尺寸　　　图2-1-69　测量臀围尺寸　　　图2-1-70　测量裙长尺寸

（3）检验结果：主要部位尺寸均在误差允许范围内，见表2-1-5。

表2-1-5　尺寸检验表　　　　　　　　　　单位：cm

规格	设定尺寸	实际测量尺寸	允许误差	误差	备　注
腰围	66	65.6	允许 ±1	−0.4	在误差允许范围内
臀围	94	93.2	允许 ±2	−0.8	在误差允许范围内
裙长	48	48	允许 ±1.5	0	在误差允许范围内

2. 缝制、整烫规定(参照工艺单)

任务评价

西装裙任务评分标准(表2-1-6)。

表2-1-6 西装裙任务评分表

评价指标	评 价 标 准	评价依据	权重	得分
结构、样板制作	1. 尺寸设计合理,符合工艺单要求 2. 结构线设计位置合理、线条清晰,符合款式要求 3. 能够按照工艺单要求、面料性能、部位要求等对样板进行准确放缝 4. 样板文字、符号标注齐全	样板	20%	
裁剪	铺料、排料合理,裁片数量准确	裁片	10%	
缝制	1. 裙长、腰围、臀围的尺寸在误差允许范围内 2. 省位准确、对称,省尖顺直、平服、无窝点 3. 腰面平服、顺直,腰头宽窄一致、松紧适宜 4. 左右拉链平服、长短一致,拉链无露齿 5. 侧缝车线顺直、平服、无坐势 6. 下摆和开衩部位平服,不起吊 7. 外观整洁、无粉印,无烫黄、烫焦、极光、水渍等瑕疵	样衣	60%	
职业素质	1. 遵守实训设备操作流程,保持整洁 2. 课后自觉关机、收拾工作台	操作表现、作业	10%	

课后拓展

根据流行趋势设计一款西装裙,并完成其工艺单编写、制板和工艺制作。

任务二 连腰裙制作工艺

任务描述

连腰裙的款式非常多,如A字连腰裙,特点是休闲舒适;紧身连腰裙,特点是职业时尚(图2-2-1)。

本任务选择外轮廓为紧身、底摆收窄、连腰头、前后裙片各收省2个、后中缝上部装隐形拉链、后中缝下部开衩的款式作为实训项目(图2-2-2)。

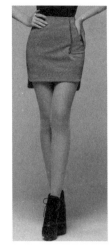

图 2-2-1　各种连腰裙款式图　　　　　　　　图 2-2-2　任务实物图

任务目标

- 设计连腰裙款式图;
- 编写连腰裙工艺单;
- 设计连腰裙结构图和制作样板;
- 设计裁剪方案;
- 收省、绱隐形拉链、制作开衩、绱腰头贴边;
- 连腰裙整烫和质检。

任务准备

(1)面料:可选用一般微弹的牛仔布、贡缎、蕾丝复合布料等(图 2-2-3),幅宽一般为 144 cm,用量约 100 cm。

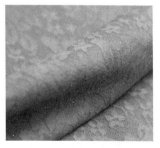

牛仔布料　　　　　　　　贡缎布料　　　　　　　蕾丝复合布料

图 2-2-3　连腰裙面料

(2)辅料:有纺薄衬或无纺衬适量;配色隐形拉链或金属拉链 1 条,长约 25 cm。

任务实施

一、制定技术文件

（一）编写工艺单（表 2-2-1）

表 2-2-1　连腰裙工艺单　　　　　　　　　单位：cm

客户	×××	款号	×××	合同号	×××	生产日期	×××	生产部门	×××
品名		连腰裙		样板号	×××	生产单号	×××	交货期	×××

尺寸 部位	尺寸规格表			款式图：
	155/80A	160/84A	165/88A	
裙长	88	90	92	
腰围	62	64	66	
臀围	84	88	92	
臀高	17	18	19	

面料（贴样）：

备注：隐形拉链 1 条，无纺衬适量

验布：检查面料是否有色差、布疵、污渍等现象
裁剪要求：裁片准确，刀眼不可超过 0.5 cm，裁片进行编号
缝制工艺要求：
1. 针号、针距：面料选用 14 号针，针距为 12 针/3 cm～15 针/3 cm
2. 包缝：明确包缝部位及手法，数量要准确，无遗漏
3. 收省：要求省大、省长符合规格，省缝直而尖，打结要结实并要紧靠省尖，面料省烫倒方向要正确
4. 绱腰头贴边：腰头贴边缝制标记要与腰头相应位置一致，不错位
5. 装拉链：左右长短松紧一致，整体平服，不露拉链齿
6. 裙开衩门里襟长短一致，平服、无起吊
7. 底摆贴边缉线顺直，宽窄一致
后整理要求：
1. 覆黏合衬部位无脱胶、起泡、起皱
2. 各部位熨烫平服、整洁，无烫黄、水渍、极光

（二）规格设定

1. 成品规格（表 2-2-2）

表 2-2-2　成品规格　　　　　　　　　单位：cm

名称	号/型	裙长（L）	腰围（W）	臀围（H）
规格	160/66A	90	66－2＝64	90－2＝88

2. 细部规格(表 2-2-3)

表 2-2-3　细部规格

单位:cm

名称	腰头宽	后衩高	腰头贴边宽
规格	5	45	5

（三）结构制图

1. 连腰裙结构图

以西装裙结构为基础,进行连腰裙结构制图(图 2-2-4)。

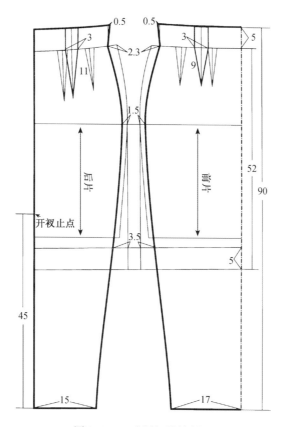

图 2-2-4　连腰裙结构制图

2. 腰头贴边结构处理

前后腰头省合并,修顺上下腰口线(图 2-2-5)。

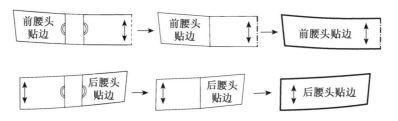

图 2-2-5　腰头贴边结构处理

（四）制作样板

1. 放缝

裙片侧缝放 1 cm ～ 1.2 cm；后中装拉链放缝 1.2 cm ～ 1.5 cm；底摆贴边放缝 1.5 cm ～ 2 cm，腰头放缝 1 cm；腰头贴边侧缝放缝 1 cm ～ 1.2 cm，上下腰口线放缝 1 cm，后腰头贴边后中放缝 1.2 cm ～ 1.5 cm。

2. 样板校对(参照西装裙)

二、裁剪

（一）面料铺料、排料

将面料正正相对、布边对齐铺料，微弹提花面料顺向排料(图 2-2-6)。

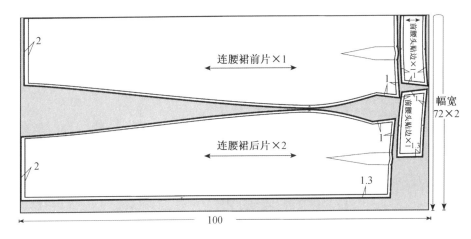

图 2-2-6　面料放缝与排料图

（二）检查裁片数量(表 2-2-4)

表 2-2-4　裁片数量

材料	面　　料			无纺衬	
名称	前裙片	后裙片	腰头贴边	腰头贴边	后中上拉链处
数量	1	2	3	3	2

三、缝制工艺流程

做标记→烫衬→面料三线包缝→面料收省及烫省→缝合面料后中缝并分烫→面料绱拉链→缝合面料侧缝并分烫→缝合腰头贴边侧缝并分烫→绱腰头贴边→做后开衩和底边→整烫→检验。

四、具体缝制工艺步骤及要求

（一）烫黏合衬

(1) 在前后腰头贴边、后中装拉链处黏无纺衬(图 2-2-7、图 2-2-8)。

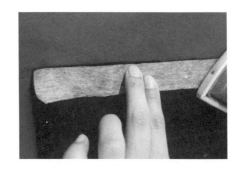

图 2-2-7　腰头贴边粘衬　　　　　　　　图 2-2-8　后中装拉链处粘衬

（二）面料包缝

面料裙片和腰头贴边除腰口外，其余边缘均用三线包缝机包缝。

（三）面料收省、烫省

（1）面料收省：在裙片反面依省中线对折，车缝腰头和裙片省道，腰口处倒回针，距省尖约 3 cm 时调小线迹密度，车缝到省尖处留 4 cm 左右线头打结（图 2-2-9）。

（2）面料烫省：将面料的前、后省缝分别向前后中烫倒（图 2-2-10）。要求省尖胖势要烫散，不可有窝点。

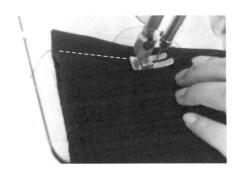

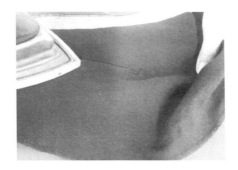

图 2-2-9　车省　　　　　　　　　　　图 2-2-10　烫省

（四）缝合面料后中缝并分烫

（1）缝合后中缝：两后裙片正面相对，按净缝从拉链止口起针，缝至开衩止口（图 2-2-11）。

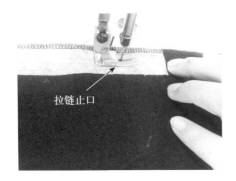

拉链止口

图 2-2-11　车缝后中　　　　　　　　　图 2-2-12　分烫后中缝份

图 2-2-13　绱拉链

（2）分烫缝份：将缝合后的后中缝烫平，并按净线向上烫平缝份延伸至腰口线，向下延伸至底摆贴边(图 2-2-12)。

（五）绱面料拉链

（1）烫拉链：用熨斗尖快速熨烫。

（2）面料绱拉链：拉链在上，裙片在下，两者正面相对，靠近拉链齿 0.1 cm 处将拉链与后中缝缝合在一起(图 2-2-13)。要求拉链不外露，裙片平服，腰口处高低不错位。

（六）缝合裙片侧缝并分烫

前裙片在上，后裙片在下，正面相对按净缝缝合两边侧缝并分烫缝份。

（七）缝合腰头贴边侧缝并分烫

前腰头贴边在上，后腰头贴边在下，正面相对按净缝车缝并分缝烫平（图 2-2-14、图 2-2-15）。

图 2-2-14　缝合腰头侧缝

图 2-2-15　分烫腰头侧缝

（八）绱腰头贴边

（1）腰头贴边与后右裙片后中和腰口对齐，先按 0.5 cm 缝份车缝至腰头转角净缝处，再按净缝车缝腰头至另一边。要求腰头贴边与裙片腰口对位准确，车线要顺直，宽窄一致（图 2-2-16、图 2-2-17）。

图 2-2-16　绱腰头贴边（拉链处）

图 2-2-17　绱腰头贴边

（2）将腰头缝份分烫平服,然后翻到腰头贴边正面熨烫,要求里外匀,止口不反吐（图 2-2-18）。

（3）将腰头缝份倒向腰头贴边,然后距离腰头上口 0.1 cm 处缉明线（图 2-2-19）。

图 2-2-18　扣烫绱腰头贴边止口

图 2-2-19　腰头贴边缉 0.1 cm 明线

（九）做底摆和开衩

（1）扣烫底摆和开衩:底摆按 2 cm 扣烫,开衩按 1.3 cm 扣烫（图 2-2-20）。

（2）车缝底摆:从左后片开衩距底摆 1.5 cm 处缉明线至右后片开衩（图 2-2-21）。

（3）车缝开衩:从烫好的右后片开衩底点缉 1 cm 明线至开衩止口上 0.5 cm,转 90 度后车缝 2 cm 宽度,再转 90 度,缉 1 cm 明线至左后片开衩底点（图 2-2-22、图 2-2-23）。

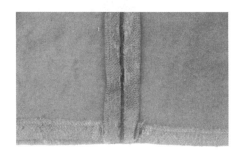

图 2-2-20　扣烫底摆和开衩

图 2-2-21　做底摆

图 2-2-22　做开衩

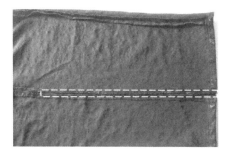

图 2-2-23　开衩反面效果

（十）后整理、整烫

（1）分别在侧缝和省缝上用手针固定腰头贴边,要求腰头贴边平服（图 2-2-24）。

（2）将连腰裙由里到外进行整烫（图2-2-25）。

（3）试穿效果（图2-2-26、图2-2-27）。

图2-2-24　手缝固定腰头贴边

图2-2-25　整烫

图2-2-26　试穿（正面）

图2-2-27　试穿（背面）

（十一）检验

1. 规格标准及测量

尺寸检验要求和方法参照西装裙，成品尺寸检验结果见表2-2-5。

表2-2-5　尺寸检验表　　　　　　　　　　　　　单位:cm

规格	设定尺寸	实际测量尺寸	允许误差	误差	备　注
腰围	66	65.5	允许±1	−0.5	在误差允许范围内
臀围	88	87	允许±2	−1	在误差允许范围内
裙长	90	90	允许±1.5	0	在误差允许范围内

2. 缝制、整烫要求（参照工艺单）

任务评价

连腰裙任务评分标准(表2-2-6)。

表2-2-6　连腰裙任务评分表

评价指标	评　价　标　准	评价依据	权重	得分
结构、样板制作	1. 尺寸设计合理,符合工艺单要求 2. 结构线设计位置合理、线条清晰,符合款式要求 3. 能够按照工艺单要求、面料性能、部位要求等对样板进行准确放缝 4. 样板文字、符号标注齐全	样板	20%	
裁剪	铺料、排料合理,裁片数量准确	裁片	10%	
缝制	1. 规格尺寸:裙长、腰围、臀围的尺寸在误差允许范围内 2. 左右拉链平服、长短一致,拉链无露齿 3. 侧缝车线顺直、平服、无坐势 4. 下摆和开衩部位平服、不起吊 5. 外观整洁、无粉印,无烫黄、烫焦、极光、水渍等瑕疵	样衣	60%	
职业素质	1. 遵守实训设备操作流程,保持整洁 2. 课后自觉关机、收拾工作台	操作表现、作业	10%	

课后拓展

根据流行趋势设计一款连腰裙,并完成其工艺单编写、制板和工艺制作。

任务三　育克褶裥裙制作工艺

任务描述

育克褶裥裙的育克一般设计在腰臀之间,贴身合体,育克以下部分为褶裥。褶裥分为自然褶和规律褶,自然褶活泼轻松,规律褶整齐利落(图2-3-1)。

图2-3-1　育克褶裥裙

本任务选择一款学院风格的超短育克褶裥裙作为实训项目,腰腹部横向育克,分割线以下为规律工字褶,右侧缝装隐形拉链(图2-3-2)。

图2-3-2　任务实物图

任务目标

- 设计育克褶裥裙款式图;
- 编写育克褶裥裙工艺单;
- 设计育克褶裥裙结构图和制作样板;
- 设计育克褶裥裙裁剪方案;
- 熟练做褶裥、侧开衩、绱隐形拉链;
- 育克褶裥裙整烫和质检。

任务准备

(1)面料:可选用一般薄呢类、混纺类、化纤提花、纯棉印花、雪纺、纱和牛仔等面料,颜色深浅均可(图2-3-3),幅宽一般为144 cm,用量约65 cm。

化纤提花　　　　　　　　毛呢　　　　　　　　纯棉印花

雪纺　　　　　　　　欧根纱　　　　　　　　牛仔布

图2-3-3　面料

（2）辅料：里料一般选用同色涤丝纺、尼丝纺、纯棉等织物，门幅宽一般为144 cm，用量约30 cm；有纺衬或无纺黏合衬适量；配色隐形拉链1 条，长约25 cm。

任务实施

一、制定技术文件

（一）编写工艺单（表2-3-1）

表2-3-1　育克褶裥裙工艺单　　　　　　　　　　　　单位：cm

客户	×××	款号	×××	合同号	×××	生产日期	×××	生产部门	×××
品名	育克褶裥裙			样板号	×××	生产单号	×××	交货期	×××

尺寸 部位	尺寸规格表			面料（贴样）	里料（贴样）	备注：隐形拉链 1 条，无纺衬
	155/80A	160/84A	165/88A			
裙长	35	36	37			
腰围	64	66	68			

款式图：

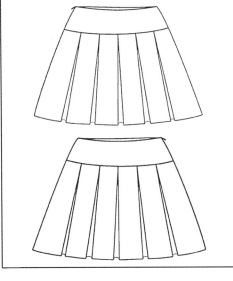

验布：检查面料是否有色差、布疵、污渍等现象

铺料、排料：两边布边根据样板对折铺料，排料时按样板上的丝缕方向

裁剪要求：裁片准确，刀眼不可超过0.5 cm，裁片要进行编号

缝制工艺要求：
1. 面料用14 号针，里料11 号针，针距14 针/3 cm ～16针/3 cm
2. 明确包缝部位及手法，数量要准确，无遗漏
3. 褶裥对位准确，宽窄一致
4. 育克缝制标记要与裙片相应位置一致，不错位
5. 装拉链，左右长短松紧一致，整体平服，不露拉链齿
6. 里料两侧开衩高低一致
7. 底摆贴边宽窄一致，三角针针距大小一致，正面不露针迹

后整理要求：
1. 各部位熨烫平服、整洁，无烫黄、水渍、极光
2. 覆黏合衬部位无脱胶、起泡、起皱

（二）规格设定

成品规格见表2-3-2。

表2-3-2　成品规格　　　　　　　　　　　　　　　单位：cm

名称	号/型	裙长（L）	腰围（W）	育克宽
规格	160/66A	36	66	9

（三）结构制图

1. 面料结构制图

以西装裙结构为基础,进行育克褶裥裙结构制图(图2-3-4)。

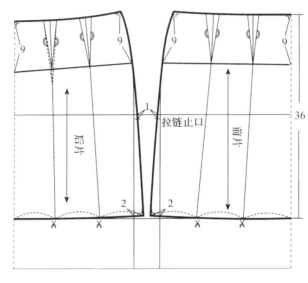

图2-3-4　结构图

2. 育克结构处理

前后片省道合并,修顺上下弧线(图2-3-5)。

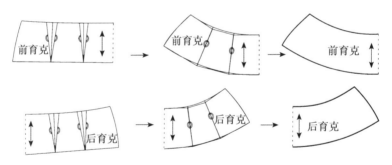

图2-3-5　育克结构处理

3. 裙下片结构处理

按照设计要求把裙片展开(图2-3-6)。

（四）制作样板

1. 面里料放缝

（1）面料样板:侧缝放缝1 cm～1.2 cm;后中装拉链放缝1.2 cm～1.5 cm;底摆贴边放缝1.5 cm～2.5 cm;上口放缝1 cm(图2-3-7)。

（2）里料样板:侧缝放缝1.3 cm,上口放缝1 cm(图2-3-8)。

2. 样板校对(参照西装裙)

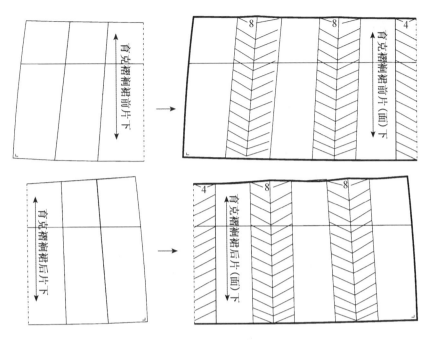

图 2-3-6　裙片结构处理

二、裁剪

（一）面料铺料、排料

面料两边的布边按照样板宽度分别对折铺料,再排料(图 2-3-7)。

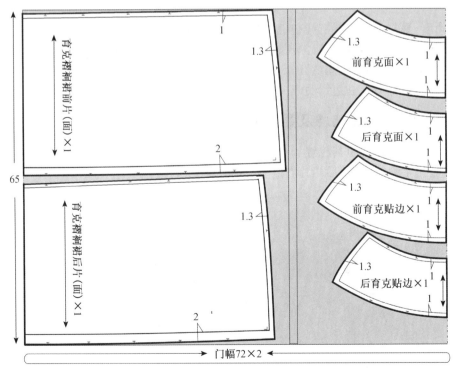

图 2-3-7　面料放缝与排料图

（二）里料铺料、排料

里料两边的布边按照样板宽度分别对折铺料，再排料（图2-3-8）。

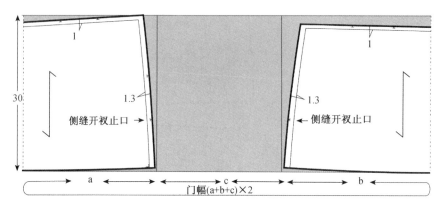

图2-3-8 里料放缝与排料图

（三）检查裁片数量（表2-3-3）

表2-3-3 裁片数量

材料	面料				里料		无纺衬	
名称	前裙片	后裙片	育克	育克贴边	前裙片	后裙片	育克	侧缝绱拉链处
数量	1	1	2	2	1	2	2	2

三、缝制工艺流程

做标记→烫衬→面里料三线包缝→烫褶裥并固定→缝合育克和贴边左侧缝并分烫→分别缝合裙片面和里左右侧缝并分烫→缝合育克和裙片面并倒烫→缝合育克贴边和裙片里、包缝并倒烫→做裙片里侧缝开衩、底摆卷边→绱面里料拉链→缝合育克和育克贴边腰口→翻烫腰口线→育克贴边缉明线→扣烫裙片面的底摆并缲边→整烫→检验。

四、具体缝制工艺步骤及要求

（一）烫黏合衬、面里料包缝

（1）在前后育克面、前后裙片右侧装拉链处黏无纺衬（图2-3-9）。

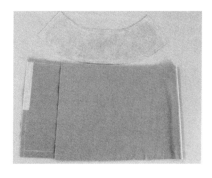

图2-3-9 黏衬

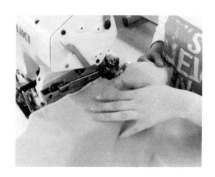

图2-3-10 三线包缝

（2）分别将育克、育克贴边、裙片前后里包缝两边侧缝,裙片前后面分别包缝两边侧缝和底摆(图2-3-10)。

（二）熨烫裙片褶裥并固定

（1）按照褶裥刀眼位分别折烫前后裙片褶裥,要求褶量准确,褶边顺直(图2-3-11)。

（2）在前后裙片正面距离上口约0.7 cm处固定褶裥,以定位褶裥(图2-3-12)。

图2-3-11　熨烫裙片褶裥　　　　　　　图2-3-12　固定裙片褶裥

（三）缝合侧缝并熨烫

（1）缝合育克和贴边左侧缝:分别将育克和贴边左侧缝按1.3 cm缝份缝合并分缝烫平(图2-3-13、图2-3-14)。

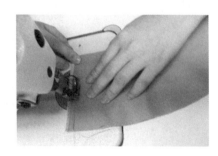

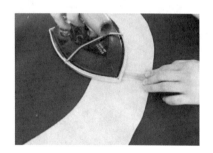

图2-3-13　缝合育克侧缝　　　　　　图2-3-14　分烫育克侧缝缝份

（2）缝合裙片面左右侧缝:将裙片左侧缝按1.3 cm缝份缝合并分缝烫平。右侧缝从拉链止口开始缝至底摆(图2-3-15、图2-3-16)。

图2-3-15　缝合裙片右侧缝　　　　　　图2-3-16　分烫裙片面侧缝

（3）缝合裙片里左右侧缝：将裙片里按1.3 cm缝份缝至侧缝开衩处并分缝烫平。右侧缝从拉链止口开始缝至开衩处（图2-3-17、图2-3-18）。

 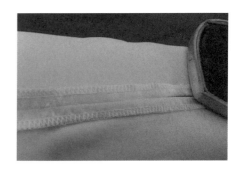

图2-3-17　缝合裙片里右侧缝　　　　　　　图2-3-18　分烫裙片里侧缝

（四）缝合育克和裙片并倒烫

（1）缝合育克和裙片：裙片面在下，育克在上，按1 cm缝份车缝并将缝份倒向育克烫平。要求上下片刀眼对位准确，前后育克线对位准确，熨烫平服（图2-3-19、图2-3-20）。

（2）缝合育克贴边和裙片里：裙片里在下，育克贴边在上，按1 cm缝份车缝、包缝后，缝份倒向裙片里烫平。要求上下衣片刀眼对位准确，前后育克贴边线对位准确，熨烫平整（图2-3-21、图2-3-22）。

 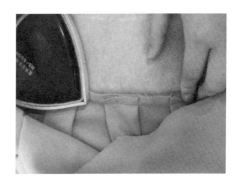

图2-3-19　缝合育克和裙片面　　　　　　　图2-3-20　裙片面倒烫缝份

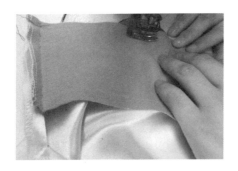 

图2-3-21　缝合育克贴边和裙片里　　　　　图2-3-22　包缝育克贴边和裙片里缝份

（五）做裙片里开衩和下摆

（1）缝合里料侧缝开衩：分别将裙片里侧缝开衩，从底摆缝至开衩上 0.5 cm，再转缝至底摆（图 2-3-23）。

（2）车缝裙里底摆：将裙里底摆边折光车缝固定（图 2-3-24）。

图 2-3-23　缝合育克贴边和裙片里　　　　图 2-3-24　裙片里底摆卷边

（六）绱拉链

（1）烫拉链：用熨斗尖快速熨烫。

（2）裙片面绱拉链：拉链在上，裙片在下，两者正面相对，缝份对齐车缝。要求拉链不外露，裙片平服，前后裙片腰口和育克线高低不错位（图 2-3-25）。

（3）裙片里绱拉链：裙片面在下，拉链在中间，裙片里在上，缝份对齐车缝。要求拉链齿不外露，裙片平服，前后片腰口和育克线高低不错位（图 2-3-26）。

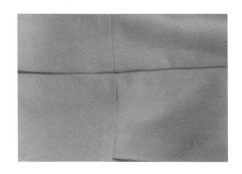 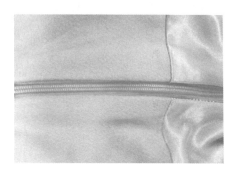

图 2-3-25　裙片面绱拉链　　　　图 2-3-26　裙片里绱拉链

（七）缝合育克和贴边腰口线

（1）车缝育克与贴边：将育克面、贴边腰口线正面相对车缝 0.9 cm 缝份，修剪育克贴边上下缝份至 0.5 cm ~ 0.6 cm，形成高底层。翻烫止口，注意里外匀（图 2-3-27）。

（2）贴边缉明线：将腰头缝份倒向育克贴边，在育克贴边的腰口线处缉 0.1 cm 明线（图 2-3-28）。

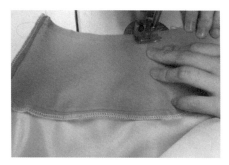

图 2-3-27　缝合育克和贴边

（3）接缝处漏落缝:面料育克和裙片接缝处漏落缝固定裙里。也可以在接缝上缉 0.5 cm 明线（图 2-3-29）。

图 2-3-28　育克贴边缉明线　　　　　　图 2-3-29　接缝处漏落缝

（八）后整理、整烫

（1）将裙片面底边按 2 cm 扣烫,三角针缲底边。要求每针 0.7 cm～0.8 cm,缝线稍松, 正面不露线迹（图 2-3-30）。

（2）由里到外进行整烫（图 2-3-31）。

（3）试穿（图 2-3-32、图 2-3-33）

图 2-3-30　缲底边　　　　　　　　　　图 2-3-31　整烫

图 2-3-32　成品（正面）　　　　　　　图 2-3-33　成品（背面）

（十）检验

1. 规格标准及测量

尺寸检验要求和方法参照西装裙,尺寸检验结果见表 2-3-4。

表 2-3-4 尺寸检验表　　　　　　　单位:cm

规格	设定尺寸	实际测量尺寸	允许误差	误差	备　注
腰围	66	66	允许 ±1	0	在误差允许范围内
裙长	36	36	允许 ±1.5	0	在误差允许范围内

2. 缝制、整烫规定(参照工艺单)

任务评价

育克褶裥裙任务评分标准(表2-3-5)

表 2-3-5 育克褶裥裙任务评分表

评价指标	评　价　标　准	评价依据	权重	得分
结构、样板制作	1. 尺寸设计合理,符合工艺单要求 2. 结构线设计位置合理、线条清晰,符合款式要求 3. 能够按照工艺单要求结合面料性能、部位要求等对样板进行准确放缝 4. 样板文字、符号标注齐全	样板	20%	
裁剪	铺料、排料合理,裁片数量准确	裁片	10%	
缝制	1. 裙长、腰围、臀围尺寸在误差允许范围内 2. 育克及贴边宽窄一致、松紧适宜 3. 褶裥宽窄一致,平服 4. 左右拉链长短一致、平服,拉链无露齿 5. 侧缝车线顺直、平服、无坐势 6. 下摆和开衩部位平服、不起吊 7. 外观整洁、无粉印,无烫黄、烫焦、极光、水渍等瑕疵	样衣	60%	
职业素质	1. 遵守实训设备操作流程,保持整洁 2. 课后自觉关机、收拾工作台	操作表现、作业	10%	

课后拓展

根据流行趋势设计一款育克褶裥裙,并完成其工艺单编写、制板和工艺制作。

任务四　牛仔裙制作工艺

任务描述

牛仔裙是诸多裙装中修饰最少的服装,是当今时尚"简单就是美"的最佳诠释,具有洒脱、活力、纯朴、自然等风格特点(图2-4-1)。

本任务选择外轮廓为小A字合体低腰的牛仔裙作为实训项目(图2-4-2)。

图 2-4-1　各种牛仔裙款式

图 2-4-2　任务实物图

任务目标

- 设计牛仔裙款式图；
- 编写牛仔裙工艺单；
- 设计牛仔裙结构图和制作样板；
- 设计牛仔裙裁剪方案；
- 熟练做贴袋、插袋、门里襟；
- 牛仔裙整烫和质检。

任务准备

（1）面料：可选用弹性印花薄牛仔或纯色厚牛仔布料，颜色深浅均可（图 2-4-3），幅宽一般为 144 cm，用量约 95 cm。

（2）辅料：口袋布的面料，有纺薄衬或无纺衬适量，金属扣 6 对。

印花薄牛仔面料　　　　　纯色厚牛仔面料

图 2-4-3　牛仔裙面料

任务实施

一、制定技术文件

（一）编写工艺单（表2-4-1）

表2-4-1 低腰牛仔裙工艺单 单位:cm

客户	×××	款号	×××	合同号	×××	生产日期	×××	生产部门	×××
品名	低腰牛仔裙			样板号	×××	生产单号	×××	交货期	×××

尺寸 部位	尺寸规格表			款式图:						
	155/80A	160/84A	165/88A						
裙长	72	74	76						
腰围	64	66	68						
臀围	84	88	92						
臀高	17	18	19						

面料（贴样）

备注:无纺衬;金属扣6对

验布:检查面料是否有色差、布疵、污渍等
裁剪要求:裁片准确,刀眼不可超过0.5 cm,裁片进行编号
缝制工艺要求:
1. 面料用14号针,针距为12针/3 cm
2. 明确包缝部位及手法,数量要准确,无遗漏
3. 拼缝育克,育克倒向准确,拼缝高低一致、平服
4. 绱腰头,腰头缝制标记要与裙片相应位置一致,不错位
5. 贴后袋,贴袋位置准确,大小高低一致
6. 前袋口弧度圆顺、平服,不反吐,左右口袋、高低一致
7. 门里襟长短一致,平服,无起吊
后整理要求:
1. 各部位熨烫平服、整洁,无烫黄、水渍、极光
2. 覆黏合衬部位无脱胶、起泡、起皱

（二）规格设定

1. 成品规格（表2-4-2）

表2-4-2 成品规格 单位:cm

名称	号/型	裙长（L）	腰围（W）	臀围（H）
规格	160/66A	74	66	90－2（放松量）=88

2. 细部规格(表2-4-3)

表2-4-3 细部规格

单位:cm

名称	腰头宽	月牙袋	贴袋	育克宽	门里襟宽
规格	3.5	7×8.5	12×13	5.5	4

(三)结构制图

1. 面料结构制图

以西装裙结构为基础进行低腰牛仔裙结构制图(图2-4-4)。

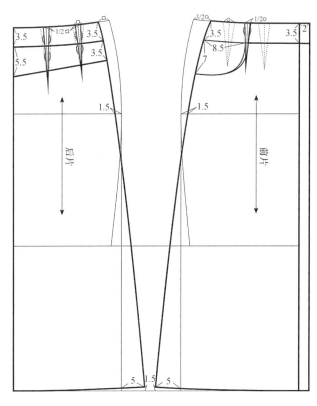

图2-4-4 结构图

2. 腰头结构

前后腰头省道、侧缝合并,修顺上下弧线(图2-4-5)。

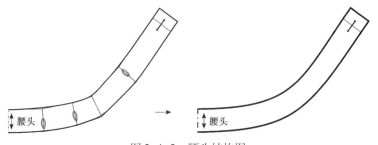

图2-4-5 腰头结构图

3. 育克结构

后育克省道合并,修顺上下弧线(图2-4-6)。

图 2-4-6　育克结构图

4. 前口袋结构(图2-4-7)

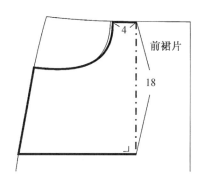

图 2-4-7　口袋结构图

(四)制作样板

1. 放缝

(1) 面料放缝:后中、侧缝、腰口、后育克各放缝1 cm;前中门里襟放缝5 cm;贴袋袋口放缝2 cm,其余放缝1 cm;垫袋布上口和侧缝放缝1 cm,弧线放缝3 cm;腰头放缝1 cm。

(2) 袋布放缝:袋布底边放缝0.5 cm,其余放缝1 cm。

2. 样板校对(参照西装裙)

二、裁剪

(一)面料铺料、排料

将面料正正相对、布边对齐铺料,按照面料图案顺向排料(图2-4-8)。

(二)检查裁片数量(表2-4-4)

表 2-4-4　裁片数量

材料	面料					里料	无纺衬			
名称	前裙片	后裙片	腰头	后贴袋	垫袋布	袋布	腰面	门、里襟	前片袋口	后贴袋口
数量	2	2	2	2	2	2	1	2	2	2

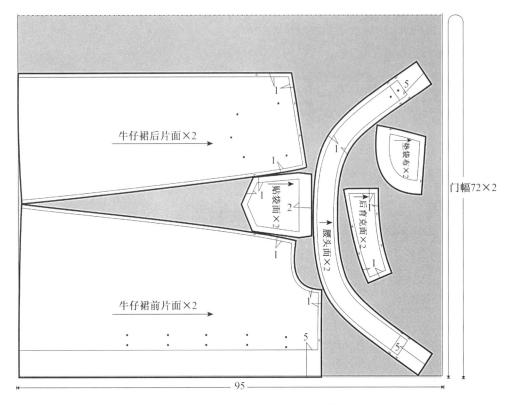

图 2-4-8　面料放缝与顺向排料图

三、缝制工艺流程

做标记→烫衬→扣烫门里襟和贴袋→缝合后育克并包缝、缉明线→做后贴袋→缝合后中并包缝、缉明线→做月牙袋→缝合侧缝并包缝、缉明线→做腰、绱腰→锁钉→整烫→检验。

四、具体缝制工艺步骤及要求

（一）烫黏合衬

用熨斗在腰面、前袋口、后贴袋布上口和门、里襟贴边处黏合无纺衬（图 2-4-9～图 2-4-12）。

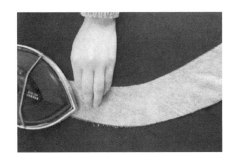

图 2-4-9　烫腰头衬

图 2-4-10　烫前片袋口衬

图 2-4-11　烫门里襟衬　　　　　　　　图 2-4-12　烫后贴袋口衬

（二）扣烫门、里襟和后贴袋

按净样扣烫门、里襟和后贴袋（图 2-4-13、图 2-4-14）。要求门、里襟贴边宽窄一致。

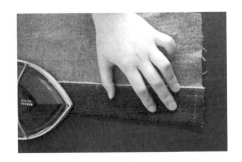

图 2-4-13　扣烫门、里襟　　　　　　　图 2-4-14　扣烫后贴袋

（三）包缝后育克

将后育克与后裙片正面相对按净缝车缝后进行包缝，包缝时要求育克在上，然后将缝份向下烫倒，正面分别缉 0.1 cm 和 0.6 cm 两条明线（图 2-4-15、图 2-4-16）。

图 2-4-15　车缝后育克　　　　　　　　图 2-4-16　车缝后育克

（四）缝制后贴袋

包缝后贴袋口，在后贴袋布上口正面净缝处分别缉 0.1 cm 和 0.6 cm 两条明线，然后把贴袋布放在画好袋位的裙片上，先用珠针固定贴袋布，然后分别缉 0.1 cm 和 0.6 cm 两条明线（图 2-4-17、图 2-4-18）。

图2-4-17　后贴袋袋口缉明线

图2-4-18　缝制贴袋

（五）缝合后中缝

将左右后裙片正面相对,育克位置对齐后按净缝车缝,包缝后向左裙片烫倒,在正面分别缉0.1 cm和0.6 cm两条明线(图2-4-19、图2-4-20)。

图2-4-19　缝合后中

图2-4-20　后中缉明线

（六）做月牙袋

（1）将垫袋布下口边缘正面包缝,然后放在袋布相应的位置车缝,缝份0.5 cm(图2-4-21)。

（2）将袋布和裙片袋口弧线对合,正面相对按0.8 cm缝份车缝,然后修剪缝份至0.5 cm,在缝份上打剪口后,将袋布翻至里面,熨烫袋口,注意里外匀(图2-4-22~图2-4-24)。

图2-4-21　缝制垫袋布

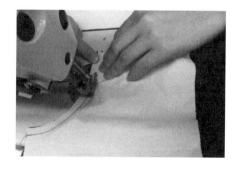

图2-4-22　缝合袋布和前片袋口

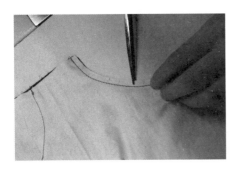

图 2-4-23　袋口缝份打剪口

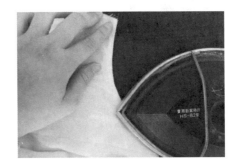

图 2-4-24　熨烫袋口

（3）在裙片正面袋口处分别缉 0.2 cm 和 0.6 cm 两条明线（图 2-4-25）。

（4）对合袋口和垫袋布刀眼，然后将袋布下口来去缝车缝（图 2-4-26）。

（5）将袋布分别与腰口、侧缝固定（图 2-4-27、图 2-4-28）。

图 2-4-25　袋口缉明线

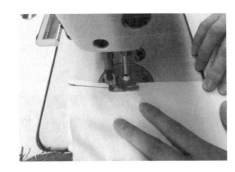

图 2-4-26　兜底来去缝

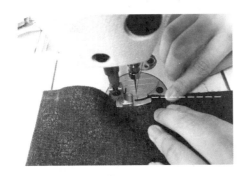

图 2-4-27　固定袋布上口

图 2-4-28　固定袋布侧缝

（七）缝合侧缝并做门、里襟

（1）缝合侧缝：将前后裙片正面相对，按净缝车缝，然后将前裙片在上包缝后向后裙片烫倒，在后裙片正面距侧缝 0.1 cm 处缉明线（图 2-4-29）。

（2）做门、里襟：按 4 cm 门、里襟宽车缝，要求缉线顺直（图 2-4-30）。

图 2-4-29　侧缝缉明线　　　　　　　图 2-4-30　门、里襟缉明线

（九）做腰、绱腰

（1）将腰头面下口向里折 1 cm 缝份，然后与腰里正正相对车缝腰两头和上口，并熨烫平服（图 2-4-31）。

（2）将腰里正面和裙片反面相对车缝 0.9 cm 缝份，腰头缝份倒向腰头熨烫（图 2-4-32、图 2-4-33）。

（3）将腰头面和里绷缝或用珠针固定后，在腰面缉 0.2 cm 明线。要求缉线顺直，门、里襟高低不错位（图 2-4-34）。

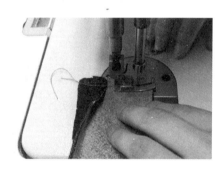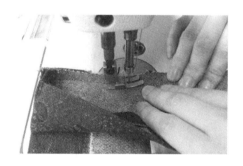

图 2-4-31　缝合腰头两端　　　　　　　图 2-4-32　绱腰头

图 2-4-33　熨烫腰头缝份　　　　　　　图 2-4-34　倒烫腰头缝份

（十）后整理、试穿

（1）锁钉：分别在门、里襟上画好扣眼位和钉扣位，锁眼钉扣。

（2）整烫:由里到外整烫(图 2-4-35)。

图 2-4-35　整烫

（3）试穿效果(图 2-4-36、图 2-4-37)。

图 2-4-36　成品(正面)

图 2-4-37　成品(背面)

（十二）检验

1. 规格标准及测量

尺寸检验要求和方法参照西装裙,尺寸检验结果见表 2-4-5。

表 2-4-5　尺寸检验表　　　　　　　　　　　　　单位:cm

规格	设定尺寸	实际测量尺寸	允许误差	误差	备　注
腰围	66	67	允许 ±1	+1	在误差允许范围内
臀围	88	87	允许 ±2	-1	在误差允许范围内
裙长	74	74	允许 ±1.5	0	在误差允许范围内

2. 缝制、整烫规定(参照工艺单要求)

任务评价

低腰牛仔裙任务评分标准(表 2-4-6)。

表 2-4-6　低腰牛仔裙任务评分表

评价指标	评　价　标　准	评价依据	权重	得分
结构、样板制作	1. 尺寸设计合理,符合工艺单要求 2. 结构线设计位置合理、线条清晰,符合款式要求 3. 能够按照工艺单要求、面料性能、部位要求等对样板进行准确放缝 4. 样板文字、符号标注齐全	样板	20%	
裁剪	铺料、排料合理,裁片数量准确	裁片	10%	
缝制	1. 裙长、腰围、臀围尺寸在误差允许范围内 2. 腰面平服、顺直,腰头宽窄一致、松紧适宜 3. 后育克左右对称,高低一致 4. 左右口袋平服、高低大小一致 5. 侧缝车线顺直、平服、无坐势 6. 外观整洁、无粉印,无烫黄、烫焦、极光、水渍等瑕疵	样衣	60%	
职业素质	1. 遵守实训设备操作流程,保持整洁 2. 课后自觉关机、收拾工作台	操作表现、作业	10%	

课后拓展

根据流行趋势设计一款牛仔裙,并完成其工艺单编写、制板和工艺制作。

项目三　裤装制作工艺

任务一　女西裤制作工艺

任务描述

女西裤是女裤里比较典型的一种款式,一般前片两侧各收两个褶裥或省道,各做一个斜插袋,后片各收两个省道,前门襟装拉链,腰头一般采用直腰头或者弧形腰头(图3-1-1)。

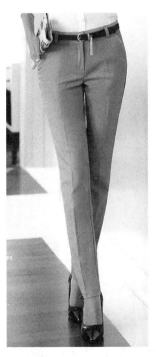

图3-1-1　各种西裤款式

本任务选择适体型款式,装门里襟,直腰头,前片两侧各设1个斜插袋,各收2个褶裥,后片各收2个省的女西裤作为实训项目(图3-1-2)。

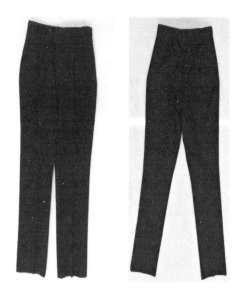

图 3-1-2　任务实物图

- 设计西裤款式图;
- 编写西裤工艺单;
- 设计西裤结构图和制作样板;
- 设计西裤裁剪方案;
- 熟练收省、褶裥,装门里襟拉链、制作斜插袋、绱腰头;
- 西裤整烫和质检。

(1)面料:可使用一般毛呢类、棉类、化纤类织物,颜色深浅均可(图 3-1-3),幅宽为 144 cm,用量约 112 cm。

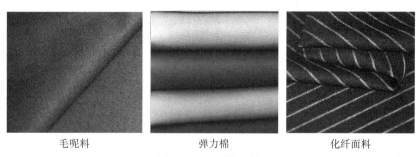

毛呢料　　　　　　　弹力棉　　　　　　　化纤面料

图 3-1-3　西裤面料

(2)辅料:有纺、无纺黏合衬适量;腰衬 80 cm;裤钩 1 对;明拉链 1 条,长约 25 cm (图 3-1-4)。

腰衬

明拉链

裤钩

图 3-1-4 西裤辅料

任务实施

一、制定技术文件

（一）编写工艺单（表 3-1-1）

表 3-1-1 女西裤工艺单　　　　　　　　　　　单位:cm

客户	×××	款号	×××	合同号	×××	生产日期	×××	生产部门	×××
品名	女西裤			样板号	×××	生产单号	×××	交货期	×××

尺寸 部位	尺寸规格表			面料（贴样）	备注:裤钩1对,明 拉链1条,无纺衬, 有纺衬,腰衬
	155/64A	160/66A	165/68A		
裤长	101	103	105		
腰围	66	68	70	验布要求:检查面料是否有色差、布疵、污渍等现象 裁剪要求:裁片准确,刀眼不可超过0.5 cm,裁片要进行编号 缝制工艺要求:	
臀围	90	96	100		
裤口	16.5	17	17.5		

款式图:

缝制工艺要求:
1. 面料 14 号针,里料 11 号针,针距:14 针/3 cm～16 针/3 cm
2. 明确包缝部位及手法,数量要准确,无遗漏
3. 收省要注意省大、省长符合规格,省缝缉而尖,打结要结实并要紧靠省尖
4. 褶裥位置准确,平服、左右大小一致
5. 斜插袋左右大小一致,平服、牢固
6. 门里襟左右长短松紧一致,整体平服
7. 腰头缝制标记要与裤片相应位置一致,不错位;面里松紧适宜,缝份大小一致,面里平服
8. 底摆贴边宽窄一致,三角针针距大小一致,正面不露线迹

后整理要求:
1. 覆黏合衬部位无脱胶、起泡、起皱
2. 各部位熨烫平服、整洁,无烫黄、水渍、极光

(二) 规格设定

1. 成品规格(表3-1-2)

表3-1-2　成品规格 单位:cm

名称	号/型	裤长(L)	腰围(W)	臀围(H)	裤口
规格	160/66A	102	66+2(放松量)=68	90+6(放松量)=96	17

2. 细部规格(表3-1-3)

表3-1-3　细部规格 单位:cm

名称	腰头宽	斜插袋	门襟宽	里襟宽	下摆折边
规格	3	16	3.5	4.5	3.5

(三) 结构制图(图3-1-5)

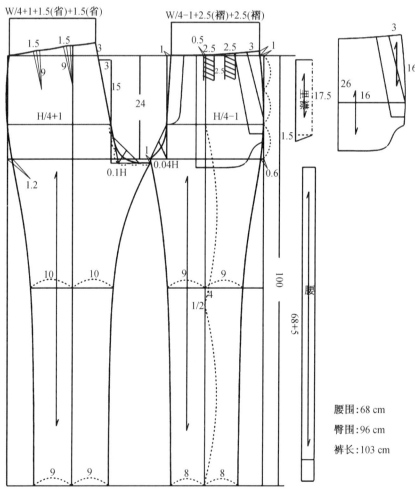

图3-1-5　西裤结构图

(四)制作样板

1. 面料放缝

侧缝、腰上口放缝 1 cm,门里襟、口袋布和垫袋布放缝 1 cm,下摆贴边放缝 3 cm ~ 4 cm,腰头放缝 1 cm(图 3-1-6)。

2. 样板校对

(1)根据款式图校对:检查样板是否完整及是否符合款式图要求。

(2)样板规格校对:检查样板各部位规格是否与预先设定的规格相吻合。检验的项目有长度、围度和宽度。在裤子样板中主要校对腰围、臀围、脚口和裤长尺寸。另外还须核对斜插袋长度和宽度、门里襟长度和宽度、省道长度、拉链长度等小部件的规格设置是否合理。

(3)缝合边校对:在服装样板中,除某些特定位置的缝合边因服装造型的需要须设定一定的缝缩量外,一般两条对应缝合边的长度应该相等。在裤子缝合边的检验和校对中,主要核对前后侧缝、左右档缝的长度是否一致。

(4)样板标识检验:检查样板的剪口是否做好,应有的标识如裁片名称、裁片数量、丝缕方向、款式编号、规格等是否在样板上标注完整。

二、裁剪

(一)面料铺料、排料

将面料正正相对、布边对齐进行铺料,排料(图 3-1-6)。

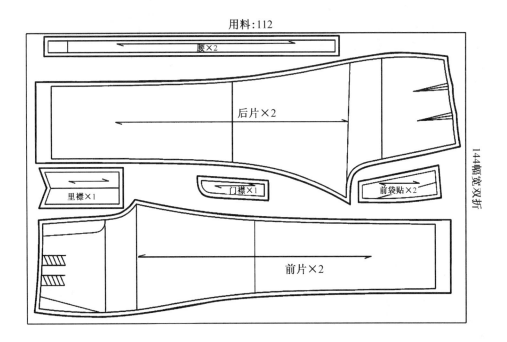

图 3-1-6　面料放缝与排料图

(二)检查裁片数量(表3-1-4)

表3-1-4 裁片数量

材料	面 料							衬 料				
名称	前裤片	后裤片	腰头	门襟	里襟	口袋布	垫袋布	腰面	腰里	门襟	里襟	垫袋布
数量	2	2	2	1	1	2	2	1	1	1	1	2

三、缝制工艺流程

做标记→包缝裤片→确定褶裥、口袋和省位→归拔前裤片→缉缝前裤片褶裥及熨烫→后裤片收省及熨烫→归拔后裤片→做斜插袋→合侧缝、烫侧缝→缉缝门襟→缉缝下裆缝→装门里襟拉链→做裤襻→固定裤襻→制作腰头→绱腰头→缉裤襻上下口→缲缝裤口→钉裤钩→整烫→检验。

四、具体缝制工艺步骤及要求

(一)定褶裥、口袋和省位

垫袋布、前后裤片除腰上口不包缝,其他部位正面朝上包缝,画出褶裥和口袋位置(图3-1-7),画出后裤片省道位置(图3-1-8)。

图3-1-7 面料包缝,确定褶裥、口袋位置   图3-1-8 确定省道位置

(二)归拔前裤片

先归烫袋口,然后将侧缝和下裆对齐,在中裆以下两层略微拔开,熨烫裤片挺缝线,缉缝褶裥(图3-1-9、图3-1-10)。

 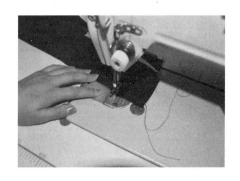

图3-1-9 归拔、烫挺缝线   图3-1-10 缉缝褶裥

（三）缉缝前裤片褶裥

将褶裥按照 7 cm 长缉缝（图 3-1-11），反面倒向前中熨烫。

（四）后裤片收省

缉缝后裤片省道，从腰上口收致省尖，省尖处不打回针，手工打结，避免省尖起包。将后裤片收省处放在馒头凳上烫出省位，并将省道反面倒向后中缝熨烫（图 3-1-12）。

图 3-1-11　熨烫褶裥

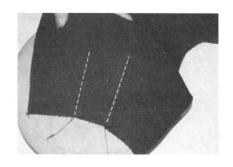

图 3-1-12　收省及熨烫

（五）归拔后裤片

（1）后裤片反面朝上，归正腰上口丝缕，将侧缝中裆以上部位的弧度归进（图 3-1-13），将侧缝中裆部位凹势量拔开（图 3-1-14）。

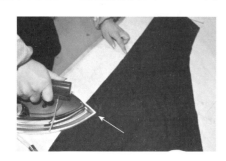

图 3-1-13　归进后片侧缝臀部

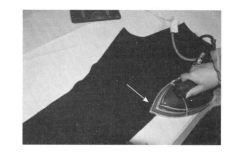

图 3-1-14　拔开后片侧缝中裆部

（2）拔开内侧缝线（图 3-1-15），把内外侧缝线对齐，挺缝线在臀围处形成微弧状（图 3-1-16）。

图 3-1-15　拔开后片内侧缝上裆部

图 3-1-16　后片归拔效果

（六）做斜插袋、合侧缝

（1）车缝垫袋布：将垫袋布放在距袋布边 1 cm 处，车缝垫袋布（图 3-1-17）。

（2）车缝袋底：正面相对，在反面从对折处按 1 cm 缝份缉缝袋布至止口 4 cm～5 cm，修剪缝份 0.5 cm，翻到正面熨烫（图 3-1-18、图 3-1-19）。

（3）扣烫袋口：将前裤片斜插袋口边按照净缝扣烫袋口贴边（黏衬处）。

（4）装袋布：将袋布斜边与裤片斜插袋口边的烫痕对齐，在裤片正面袋口下端打 0.8 cm 剪口，缉缝 0.6 cm 明线（图 3-1-20）。

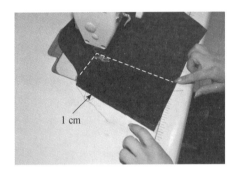

图 3-1-17　缉缝垫布

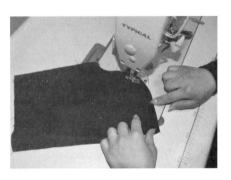

图 3-1-18　缉缝口袋布

图 3-1-19　熨烫口袋布

图 3-1-20　缉口袋明线

（5）将裤片斜插袋贴边与袋布车缝 0.5 cm 缝份固定（图 3-1-21）。

（6）固定袋口上端和下端，固定下端时不要缉住下层袋布，缝份不超过 1 cm（图 3-1-22、图 3-1-23）。

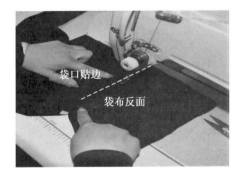

图 3-1-21　缉缝口袋布

图 3-1-22　封口袋上口

（7）缉缝侧缝：前后裤片对齐，按照 1 cm 缝份缉缝（图 3-1-24）。

（8）接缝袋布底：缉 0.5 cm 明线至袋布弧度处调整为 0.1 cm 明线。将下层袋布侧缝扣烫 1 cm，与后裤片缝份对齐缉 0.1 cm 明线至腰上口（图 3-1-25）。

（9）封袋口：袋布整理平整后，在袋口距腰口 4 cm 处，垂直袋口缉 0.6 cm 明线来回 3 ~ 4 次，再转 90°沿袋口缉明线至腰口封上口（"L"形封口），袋口下端在打剪口处垂直袋口缉 0.6 cm 明线来回 3 ~ 4 次封下口。

图 3-1-23　封口袋下口

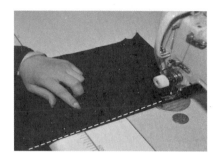

图 3-1-24　缉缝侧缝

图 3-1-25　缉缝口袋布明线

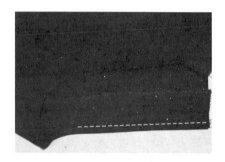

图 3-1-26　缉缝门襟

（七）做门里襟、装拉链

（1）缉缝门襟：将门襟反面黏衬，斜边包缝，然后与裤片前裆正面相对，在反面缉 0.8 cm 缝份，再将两层缝份倒向门襟熨烫，顺着门襟缉 0.1 cm 明线（图 3-1-26）。

（2）合裆缝：从门襟下端向上 1 cm 开始起针，保证门襟不外露，按照 1 cm 缝份缝至后裆缝，并分烫裆缝（图 3-1-27、图 3-1-28）。

图 3-1-27　合裆缝

图 3-1-28　分烫裆缝

（3）将黏好衬布的里襟对折包缝，对齐拉链边与里襟边，缉缝 0.5 cm 线迹（图 3-1-29）。

（4）将做好的里襟拉链和右裤片缝边对齐，缉缝 0.8 cm 线迹（图 3-1-30），熨烫裤片和拉链里襟（图 3-1-31），在裤片上缉压 0.1 cm 明线（图 3-1-32）。

图 3-1-29　缉缝拉链

图 3-1-30　固定门襟拉链

图 3-1-31　熨烫拉链

图 3-1-32　缉拉链明线

（5）将左右前裤片对齐，找准门襟和拉链对应的位置，固定门襟和拉链（图 3-1-33），画出门襟明线，缉缝门襟明线（图 3-1-34），最后在反面固定里襟和门襟（图 3-1-35）。

图 3-1-33　固定门襟拉链

图 3-1-34　缉门襟明线

图 3-1-35　固定里襟与门襟

图 3-1-36　熨烫裤襻

（八）做裤襻

将裤襻裁剪成 3 cm 宽、8 cm 长，黏衬后包缝一边，将另一边折烫在里边呈 1 cm 宽（图 3-1-36），在反面缉缝 0.1 cm 线迹（图 3-1-37），然后将裤襻对准第一个褶裥位置，左右各固定一个，后裆缝放置一个，然后将另一个裤襻放置后裆缝裤襻和褶裥裤襻中间，左右裤片做法一致，共缉缝 5 个裤襻（图 3-1-38）。

图 3-1-37　缉缝裤襻

图 3-1-38　固定裤襻

（九）做腰、绱腰

（1）按照腰头净样裁剪专用腰头衬，沿腰头面黏衬，腰里下口折烫 0.9 cm 缝份（图 3-1-39），将腰面和腰里正正相对，按照 1 cm 缝份缉缝腰头上口，然后将两层缝份倒向腰里熨烫，顺腰里上口缉缝 0.1 cm 明线（图 3-1-40）。

图 3-1-39　黏合腰衬

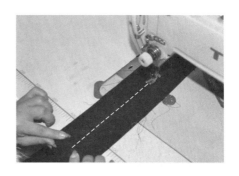

图 3-1-40　缉缝腰里上口明线

（2）将腰头面和裤片面正正相对，按照 1 cm 缝份缉缝（图 3-1-41），然后将腰头两端按照 1 cm 缝份缉缝，之后将腰头两端翻至正面熨烫平整，腰面朝上按照腰线漏落缝固定腰里（图 3-1-42）。

图 3-1-41　缉腰头

图 3-1-42　漏落缝固定腰里

（3）缝裤襻：距离腰口 1 cm 处缉缝固定（图 3-1-43），将裤襻在腰上口折进 0.5 cm，缉缝固定 0.1 cm 明线（图 3-1-44）。

图 3-1-43　固定裤襻

图 3-1-44　缉缝裤襻

（十）缲缝脚口、锁钉

按照净缝折烫脚口，用三角针缲缝，在门里襟处固定裤钩。

（十一）整烫、试穿

整烫前应先将西裤上的线头、粉印、污渍清除干净。

（1）西裤内部：把西裤翻到反面放到铁凳上，用蒸汽熨斗熨烫侧缝、口袋、裆缝、腰里等（图 3-1-45 ~ 图 3-1-48）。

图 3-1-45　熨烫侧缝

图 3-1-46　熨烫侧缝口袋

图 3-1-47 熨烫裆缝　　　　　　　　　图 3-1-48 熨烫腰头里

（2）熨烫西裤外部：将西裤翻到正面，熨烫腰面、门里襟、裤身、挺缝线等（图 3-1-49 ~ 图 3-1-52）。熨烫时应注意各部位丝缕是否顺直，若有不顺的地方需用手轻轻抚顺，使各部位平挺圆顺。

 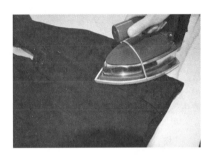

图 3-1-49 熨烫腰面　　　　　　　　　图 3-1-50 熨烫前身及口袋

图 3-1-51 熨烫后身及省　　　　　　　图 3-1-52 熨烫挺缝线

（3）试穿效果（图 3-1-53、图 3-1-54）。

图 3-1-53 成品（正面）　　　　　　　图 3-1-54 成品（侧面）

（十二）检验

这里使用的质量标准引自 FZ/T 81004—2012《中华人民共和国纺织行业标准》中有关"西裤"的质量规格要求。

1. 规格标准及规格测量

（1）规格标准：裤长：±1.5 cm；腰围：±1 cm；臀围：±2 cm。

（2）成品规格测量：腰围以拉上拉链，沿腰头宽中间横量的尺寸乘以 2 计算；臀围是以沿臀围部位摊平横量的尺寸乘以 2 计算；裤长以沿腰上口沿侧缝摊平垂直量至裤子底边计算；脚口沿脚口部位摊平横量的尺寸乘以 2 计算（图 3-1-55 ~ 图 3-1-58）。

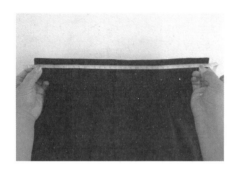

图 3-1-55　测量腰头

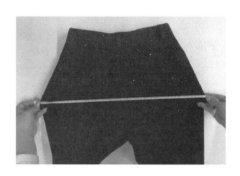

图 3-1-56　测量臀围

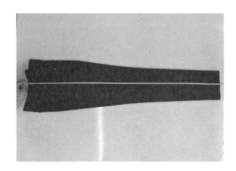

图 3-1-57　测量裤长

图 3-1-58　测量脚口

（3）尺寸检验结果：主要部位尺寸均需在误差允许范围内，见表 3-1-5。

表 3-1-5　尺寸检验表　　　　　　　　　　　　　　　　单位：cm

规格	设定尺寸	实际测量尺寸	允许误差	误差	备　注
腰围	68	67	允许 ±1	−1	在误差允许范围内
臀围	96	96	允许 ±2	0	在误差允许范围内
裤长	103	103	允许 ±1.5	0	在误差允许范围内
裤口	17	17	允许 ±0.5	0	在误差允许范围内

2. 缝制、整烫规定（参照工艺单）

任务评价

女西裤任务评分标准(表3-1-6)。

表3-1-6　女西裤任务评分表

评价指标	评价标准	评价依据	权重	得分
结构、样板制作	1. 尺寸设计合理,符合工艺单要求 2. 结构线设计位置合理、线条清晰,符合款式要求 3. 能够按照工艺单要求、面料性能、部位要求等对样板进行准确放缝 4. 样板文字、符号标注齐全	样板	20%	
裁剪	铺料、排料合理,裁片数量准确	裁片	10%	
缝制	1. 裙长、腰围、臀围尺寸在误差允许范围内 2. 省位和裥位准确、对称,省尖顺直、平服、无窝点 3. 腰面平服、顺直,腰头宽窄一致、松紧适宜 4. 门里襟平服、长短一致,明线顺直 5. 侧缝车线顺直、平服、无坐势 6. 口袋平服、左右对称,等大 7. 脚口平服、不起吊 8. 外观整洁、无粉印,无烫黄、烫焦、极光、水渍等瑕疵	样衣	60%	
职业素质	1. 遵守实训设备操作流程,保持整洁 2. 课后自觉关机、收拾工作台	操作表现、作业	10%	

课后拓展

根据流行趋势设计一款女西裤,并完成其工艺单编写、制板和工艺制作。

任务二　锥形裤制作工艺

任务描述

锥形裤是女裤中常见的一种款式,一般前片各做1个月牙袋或者斜插袋,也可以不做口袋,后片各做1个贴袋或者无口袋,前门襟装拉链,腰头一般采用直腰头或者弧形腰头(图3-2-1)。

本任务选择修身女锥形裤款式,装门里襟,弧形腰头,前片各做1个月牙袋,后片各做1个贴袋的锥形裤作为实训项目(图3-2-2)。

图 3-2-1　各种锥形裤款式　　　　　图 3-2-2　任务实物图

任务目标

- 设计锥形裤款式图；
- 编写锥形裤工艺单；
- 设计锥形裤结构图和制作样板；
- 设计锥形裤裁剪方案；
- 熟练制作月牙袋、贴袋,装门里襟拉链及缅腰头；
- 锥形裤整烫和质检。

任务准备

（1）面料:可选用牛仔、针织和棉麻等(图 3-2-3),幅宽一般为 144 cm,用量约 122 cm。

牛仔　　　　　　　　　弹力棉　　　　　　　　棉麻类

图 3-2-3　锥形裤面料

（2）辅料:无纺衬和有纺衬适量;明拉链 1 条,长约 25 cm;裤钩 1 对。

任务实施

一、制定技术文件

（一）编写工艺单（表 3-2-1）

表 3-2-1　女锥形裤工艺单　　　　　单位:cm

客户	×××	款号	×××	合同号	×××	生产日期	×××	生产部门	×××
品名		女锥形裤		样板号	×××	生产单号	×××	交货期	×××

尺寸部位	尺寸规格表			款式图:
	155/64A	160/66A	165/68A	
裤长	94	96	98	
腰围	66	68	70	
臀围	84	88	92	
裤口	14.5	15	15.5	

面料（贴样）

备注:裤钩 1 对,明拉链 1 条,无纺衬,有纺衬

验布:检查面料是否有色差、布疵、污渍等现象
裁剪要求:裁片准确,刀眼不可超过 0.5 cm,裁片进行编号
缝制工艺要求:
1. 面料选用 14 号针,针距为 14 针/3 cm ~ 16 针/3 cm
2. 明确包缝部位及手法,数量要准确,无遗漏
3. 月牙袋、贴袋左右大小一致,平服、牢固
4. 门里襟左右长短松紧一致,整体平服
5. 腰头缝制标记要与裤片相应位置一致,不错位;面里松紧适宜,缝份大小一致,面里平服
6. 底摆贴边宽窄一致,缉线顺直匀称
后整理要求:
1. 覆黏合衬部位无脱胶、起泡、起皱
2. 各部位熨烫平服、整洁,无烫黄、水渍、极光

（二）规格设定

1. 成品规格（表 3-2-2）

表 3-2-2　成品规格　　　　　单位:cm

名称	号/型	裤长（L）	腰围（W）	臀围（H）	裤口
规格	160/66A	96	66 + 2（放松量）= 68	90 − 2（松量）= 88	15

注:本款为弹性面料,故臀围减掉 2 cm

2. 细部规格(表3-2-3)

单位:cm

表3-2-3 细部规格

名称	育克宽	月牙袋	贴袋	门襟宽	里襟宽	下摆折边
规格	6	11.5×8.5	13×12	3	4	3

(三)结构制图(图3-2-4)

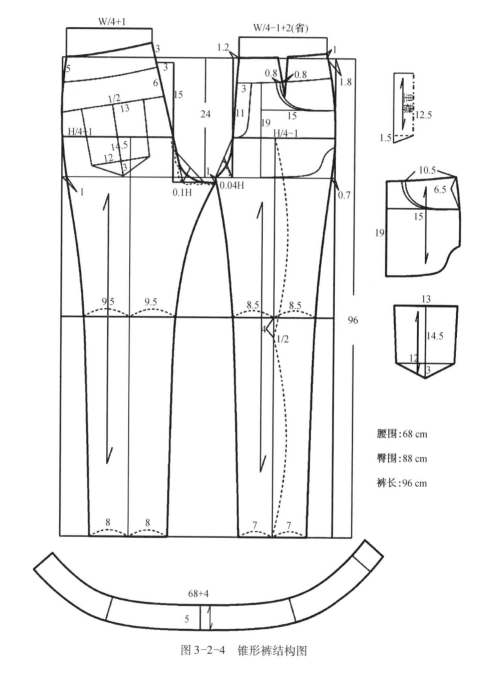

腰围:68 cm

臀围:88 cm

裤长:96 cm

图3-2-4 锥形裤结构图

（四）样板制作

1. 放缝

面料样板:侧缝、腰上口放缝 1 cm;门里襟、口袋布和垫袋布放缝 1 cm,下摆贴边放缝 3 cm~4 cm,育克放缝 1 cm。

2. 样板校对(参照西裤)

二、裁剪

（一）面料铺料、排料

将面料正正相对、布边对齐铺料,排料(图 3-2-5)。

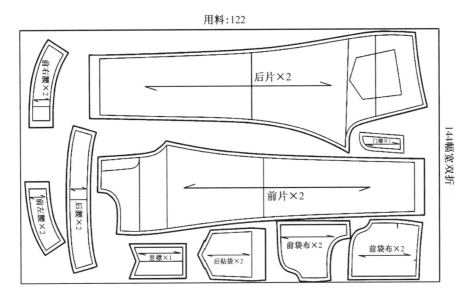

图 3-2-5 面料放缝与排料图

（二）检查裁片数量（表 3-2-4）

表 3-2-4 裁片数量

材料	面 料							衬 料			
名称	前裤片	后裤片	育克	门襟	里襟	月牙袋布	贴袋布	育克面	育克里	门襟	里襟
数量	2	2	2	1	1	2	2	1	1	1	1

三、缝制工艺流程

做月牙带→做后贴袋→合内外裤缝→包缝裤缝→合裆缝→包缝裆缝→门里襟→熨烫裤缝→缉缝外侧缝明线→做门里襟、装拉链→做腰、缩腰→缉缝裤脚→钉裤钩→整烫→检验。

四、具体缝制工艺步骤及要求

（一）做月牙袋

（1）将口袋布放在下面和裤片对齐,按照1 cm缝份绱缝,然后将缝份倒向裤片熨烫,在弧度处打上剪口(图3-2-6),翻至正面熨烫,将裤片留出0.1 cm坐势(图3-2-7)。

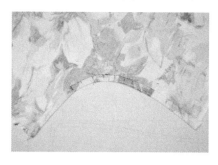

图3-2-6　熨烫缝份　　　　　　　　　　图3-2-7　预留坐势

（2）在月牙袋口的正面绱缝0.1 cm和0.6 cm两条明线(图3-2-8),然后固定口袋上端和侧缝处(图3-2-9)。

（3）按照1 cm缝份绱缝口袋布(图3-2-10),然后包缝口袋布(图3-2-11)。

图3-2-8　固定口袋　　　　　　　　　　图3-2-9　包缝口袋布

（二）做后贴袋

按照1 cm缝份扣烫贴袋,贴袋上端进行两次折烫,翻折量均为2 cm,沿边绱缝0.1 cm明线固定上端(图3-2-10),将贴袋放于裤片口袋位处,绱缝0.1 cm和0.6 cm两条明线固定贴袋(图3-2-11)。

图3-2-10　扣烫贴袋　　　　　　　　　　图3-2-11　固定贴袋

（三）合侧缝、包缝裤缝

将前后裤片对齐，按照 1 cm 缝份缉缝，然后将两层缝份一起包缝（图 3-2-12），并将外侧缝倒向后裤片熨烫，内侧缝倒向前裤片熨烫。在外侧缝缉缝 0.1 cm 明线（图 3-2-13）。

图 3-2-12　包缝裤缝　　　　　　　　图 3-2-13　缉侧缝明线

（四）缉门襟、包缝裆缝

（1）将门襟正面与裤片相对，按照 0.8 cm 缝份缉缝（图 3-2-14），合裆缝至门襟净缝处，保证门襟不外漏（图 3-2-15）。

（2）后裆缝对齐，按照 1 cm 缝份缉缝，并将两层缝份一起包缝，裆缝倒向右裤片熨烫。

图 3-2-14　缉缝门襟　　　　　　　　图 3-2-15　合裆缝至门襟净缝处

（五）装门里襟拉链

（1）将黏好衬布的里襟对折包缝，并将拉链边与里襟边对齐，缉缝 0.5 cm 缝份（图 3-2-16）。

（2）将做好的里襟拉链和右裤片缝边对齐，缉缝 0.8 cm 缝份（图 3-2-17），熨烫裤片和拉链里襟，在右裤片装里襟位置缉压 0.1 cm 明线（图 3-2-18）。

图 3-2-16　缉里襟拉链　　　　　　　图 3-2-17　缉里襟拉链

（3）将左右前裤片对齐，找准门襟和拉链对应的位置，固定门襟和拉链（图 3-2-19、图 3-2-20），借助门襟净样，缉缝门襟明线（图 3-2-21），并在反面固定门、里襟，最后熨烫门襟。

图 3-2-18　缉拉链明线

图 3-2-19　确定拉链门襟位置

图 3-2-20　绱门襟拉链

图 3-2-21　缉门襟明线

（六）做腰、绱腰

（1）做腰：按照腰头净样裁剪有纺衬，沿腰面黏衬，将腰面放于腰里上面正正相对，按照 1 cm 缝份缉缝，并勾缝腰头两端，将腰头上端缝份修剪成三角状（保证腰头翻至正面平整），修剪腰头三边缝份为 0.5 cm，将两层缝份倒向腰面熨烫，腰面按照 1 cm 缝份折烫，腰里包住腰面折烫（图 3-2-22）。

（2）绱腰：将腰面和裤片按照 1 cm 缝份缉缝，缝份倒向腰头熨烫，沿腰面边缘缉压一周 0.1 cm 明线（图 3-2-23）。

图 3-2-22　熨烫腰头缝份

图 3-2-23　腰头缉明线

（七）做脚口、整烫

（1）脚口折烫 2 cm，缉缝明线后熨烫平整（图 3-2-24）。

（2）在门里襟处固定裤钩。

（3）由里到外进行整烫（图 3-2-25）。

图 3-2-24　缉缝脚口　　　　　　　　　图 3-2-25　熨烫裤片面侧缝

（4）试穿效果（图 3-2-26、图 3-2-27）。

图 3-2-26　成品（正面）　　　　　　　　图 3-2-27　成品（背面）

（八）检验

1. 尺寸检验

尺寸检验要求和方法参照西裤，成品规格测量及检验结果见表 3-2-5。

表 3-2-5　尺寸检验表 单位：cm

规格	设定尺寸	实际测量尺寸	允许误差	误差	备　注
腰围	68	67	允许 ±1	−1	在误差允许范围内
臀围	88	88	允许 ±2	0	在误差允许范围内
裤长	96	96	允许 ±1.5	0	在误差允许范围内
裤口	15	15	允许 ±0.5	0	在误差允许范围内

2. 缝制、整烫规定（参照工艺单要求）

任务评价

锥形裤任务评分标准(表3-2-6)。

表 3-2-6 锥形裤任务评分表

评价指标	评价标准	评价依据	权重	得分
结构、样板制作	1. 尺寸设计合理,符合工艺单要求 2. 结构线设计位置合理、线条清晰,符合款式要求 3. 能够按照工艺单要求、面料性能、部位要求等对样板进行准确放缝 4. 样板文字、符号标注齐全	样板	20%	
裁剪	铺料、排料合理,裁片数量准确	裁片	10%	
缝制	1. 裙长、腰围、臀围尺寸需在误差允许范围内 2. 腰面平服、顺直,腰头宽窄一致、松紧适宜 3. 门里襟平服、长短一致;明线顺直 4. 侧缝车线顺直、平服、无坐势 5. 口袋平服、左右对称,等大 6. 脚口平服、不起吊 7. 外观整洁、无粉印,无烫黄、烫焦、极光、水渍等瑕疵	样衣	60%	
职业素质	1. 遵守实训设备操作流程,保持整洁 2. 课后自觉关机、收拾工作台	操作表现、作业	10%	

课后拓展

根据流行趋势设计一款锥形裤,并完成其工艺单编写、制板和工艺制作。

任务三 哈伦裤制作工艺

任务描述

哈伦裤是较宽松的一种休闲款式,一般采用弹性面料,前片收褶裥,达到造型需要,腰部抽带或者装松紧带,也可以设计成弧形腰头,门里襟可有可无(图3-3-1)。

本任务选择宽松型款式,无门里襟,腰部抽绳,弧形腰头的哈伦裤作为实训项目(图3-3-2)。

图 3-3-1　各种哈伦裤款式　　　　　　　　　　图 3-3-2　任务实物图

任务目标

- 设计哈伦裤款式图；
- 编写哈伦裤工艺单；
- 设计哈伦裤结构图和制作样板；
- 设计哈伦裤裁剪方案；
- 熟练处理哈伦裤的缝制工艺；
- 哈伦裤整烫和质检。

任务准备

（1）面料：可选用牛仔、针织和棉麻等（图 3-3-3），幅宽一般为 144 cm，用量约 126 cm。

牛仔　　　　　　　　　　针织　　　　　　　　　棉麻类

图 3-3-3　哈伦裤面料

（3）辅料：有纺衬适量，抽绳 150 cm（图 3-3-4）。

图 3-3-4　抽绳

任务实施

一、制定技术文件

（一）编写工艺单（表 3-3-1）

表 3-3-1　哈伦裤工艺单　　　　　　　　　单位:cm

客户	×××	款号	×××	合同号	×××	生产日期	×××	生产部门	×××
品名	哈伦裤			样板号	×××	生产单号	×××	交货期	×××

尺寸 / 部位	尺寸规格表			面料(贴样)	里料(贴样)	备注:1 条 150 cm 白色绳子，有纺衬
	155/64A	160/66A	165/68A			
裤长	94	96	98			
腰围	66	68	70	验布:检查面料是否有色差、布疵、污渍等现象 裁剪要求:裁片准确,刀眼不可超过 0.5 cm,裁片要进行编号 缝制工艺要求: 1. 面料用 14 号针,针距为 14 针/3 cm～16 针/3 cm 2. 明确包缝部位及手法,数量要准确,无遗漏 3. 褶裥需左右对位准确,平服、大小一致 4. 腰头缝制标记要与裤片相应位置一致,不错位,面里松紧适宜,缝份大小一致,面里平服 5. 底摆贴边宽窄一致,缉缝线迹顺直匀称 后整理要求: 1. 覆黏合衬部位无脱胶、起泡、起皱 2. 各部位熨烫平服、整洁,无烫黄、水渍、极光		
臀围	90	94	98			
裤口	14.5	15	15.5			
款式图:	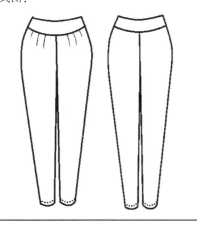					

（二）规格设定

1. 成品规格（表 3-3-2）

表 3-3-2　成品规格

单位:cm

名称	号/型	裤长（L）	腰围（W）	臀围（H）	裤口
规格	160/66A	96	66＋2（放松量）＝68	90＋4（放松量）＝94	15

2. 细部规格（表 3-3-3）

表 3-3-3　细部规格

单位:cm

名称	腰头宽	抽绳	下摆折边
规格	7	150	3

（三）结构制图（图 3-3-5）

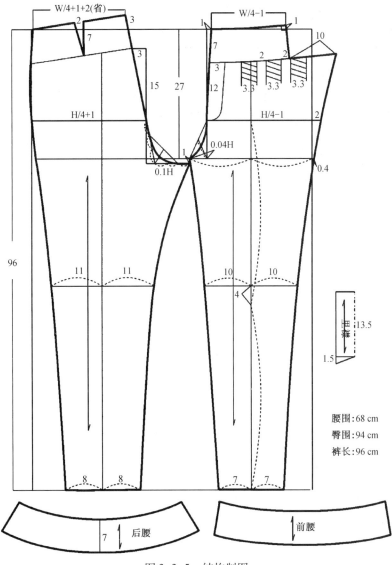

图 3-3-5　结构制图

（四）制作样板

1. 放缝

面料样板:侧缝、腰上口放缝 1 cm,门里襟放缝 1 cm,下摆贴边放缝 3 cm ~ 4 cm,育克放缝 1 cm。

2. 样板校对(参照西裤)

二、裁剪

（一）面料铺料、排料

将面料正正相对、布边对齐铺料,排料(图 3-3-6)。

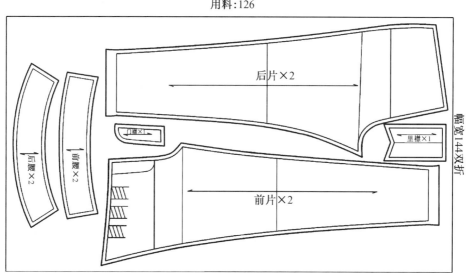

图 3-3-6　面料放缝与排料图

（二）检查裁片数量(表 3-3-4)

表 3-3-4　裁片数量

材料	面　料			衬　料	
名称	前裤片	后裤片	育克	育克面	育克里
数量	2	2	4	2	2

三、缝制工艺流程

做标记→包缝裤边→收褶裥→合内外裤缝→合裆缝→熨烫裤缝→做育克→绱育克→绲缝裤脚→整烫→检验。

四、具体缝制工艺步骤及要求

（一）缝裤片

（1）包缝裤片，然后按照标记收褶裥，正面倒向侧缝（图3-3-7）。

（2）将前后裤片对齐，按照1 cm缝份缉缝并分烫侧缝（图3-3-8）。

图3-3-7 收褶裥 　　　　　　　　　图3-3-8 缝合侧缝

（二）合裆缝、熨烫裆缝

裆缝对齐，按1 cm缝份从前裆缝缉缝至后裆缝并分烫裆缝（图3-3-9、图3-3-10）。

图3-3-9 缉缝裆缝 　　　　　　　　图3-3-10 分烫裆缝

（三）做育克、绱育克

（1）按照育克净缝线黏有纺衬，将育克前后片对齐缉缝1 cm缝份并分烫（图3-3-11、图3-3-12）。

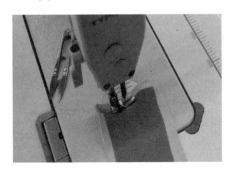 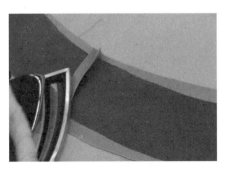

图3-3-11 缉缝育克 　　　　　　　　图3-3-12 分烫育克

（2）将育克面里正正相对，按照 1 cm 缝份缉缝（图 3-3-13），将缝份倒向育克里熨烫，在育克里正面缉压 0.1 cm 明线（图 3-3-14），然后将面里放平熨烫（图 3-3-15）。

（3）将育克面里侧缝按照 1 cm 缝份缝合（图 3-3-16）。

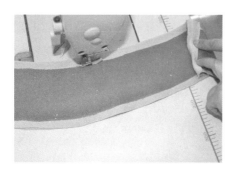
图 3-3-13　缉缝育克

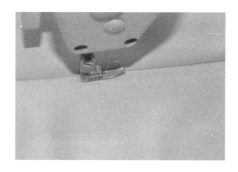
图 3-3-14　缉育克里明线

图 3-3-15　扣烫育克

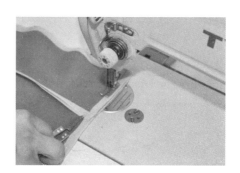
图 3-3-16　缉缝育克侧缝

（4）育克面与裤片正正相对缉缝 1 cm 缝份并分烫进行绱育克（图 3-3-17、图 3-3-18）。

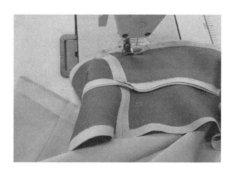
图 3-3-17　绱育克

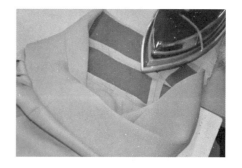
图 3-3-18　熨烫腰头缝份

（5）在育克面前中锁两个 0.5 cm 大的孔眼，将抽绳绕腰围一圈从孔眼中拉出即可（图 3-3-19）。

（6）将育克里包缝放平，在育克正面漏落缝固定育克里（图 3-3-20），然后将育克面、里放平熨烫。

图 3-3-19　抽绳

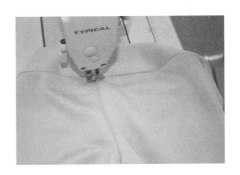

图 3-3-20　漏落缝固定育克里

（五）缉缝脚口、整烫

（1）折烫脚口 2 cm，缉缝 0.5 cm 明线，熨烫脚口（图 3-3-21）。

（2）将裤装由里到外进行整烫（图 3-3-22）。

（3）试穿效果（图 3-3-23、图 3-3-24）。

图 3-3-21　缉缝脚口

图 3-3-22　整烫

图 3-3-23　成品（正面）

图 3-3-24　成品（背面）

（七）检验

1. 尺寸检验

尺寸检验要求和方法参照西裤,成品规格测量及检验结果见表3-3-5。

表3-3-5　尺寸检验表　　　　　　　　　　　　　单位:cm

规格	设定尺寸	实际测量尺寸	允许误差	误差	备　注
腰围	68	67	允许±1	−1	在误差允许范围内
臀围	94	93	允许±2	−1	在误差允许范围内
裤长	96	95	允许±1.5	−1	在误差允许范围内
裤口	15	14.75	允许±0.5	−0.5	在误差允许范围内

2. 缝制和缝制规定(参照西裤)

任务评价

哈伦裤任务评分标准(表3-3-6)。

表3-3-6　哈伦裤任务评分表

评价指标	评　价　标　准	评价依据	权重	得分
结构、样板制作	1. 尺寸设计合理,符合工艺单要求 2. 结构线设计位置合理、线条清晰,符合款式要求 3. 能够按照工艺单要求、面料性能、部位要求等对样板进行准确放缝 4. 样板文字、符号标注齐全	样板	20%	
裁剪	铺料、排料合理,裁片数量准确	裁片	10%	
缝制	1. 裤长、腰围、臀围尺寸在误差允许范围内 2. 裆位准确、对称 3. 腰面平服、顺直,腰头宽窄一致、松紧适宜 4. 侧缝车线顺直、平服、无坐势 5. 脚口平服、不起吊 6. 外观整洁、无粉印;无烫黄、烫焦、极光、水渍等瑕疵	样衣	60%	
职业素质	1. 遵守实训设备操作流程,保持整洁 2. 课后自觉关机、收拾工作台	操作表现、作业	10%	

课后拓展

根据流行趋势设计一款哈伦裤,并完成其工艺单编写、制板和工艺制作。

任务四 短裤制作工艺

任务描述

短裤款式丰富,裤长从超短款到中长款均可,面料选用灵活,棉、麻、毛等材质均可,中高低腰款式都有,腰部可用抽绳或者装松紧带(图3-4-1)。

图 3-4-1 各种短裤款式

本任务选择合体型,装门里襟、直腰头,前片各一个月牙袋,后片各收一个省,后片各做一个单嵌线袋短裤作为实训项目(图3-4-2)。

图 3-4-2 任务实物图

任务目标

- 设计短裤款式图;
- 编写短裤工艺单;
- 设计短裤结构图和制作样板;
- 设计短裤裁剪方案;
- 熟练收省、装门里襟拉链、制作月牙袋、单开线袋、缉腰头;
- 短裤整烫和质检。

任务准备

(1)面料:可选用牛仔、弹力棉、棉麻、毛呢等,幅宽为 136 cm,用量约 67 cm(图3-4-3)。

牛仔　　　　　　　弹力棉　　　　　　棉麻类

图 3-4-3　短裤面料

（2）辅料:有纺衬、无纺衬、配色明拉链 1 条、裤钩 1 对。

任务实施

一、制定技术文件

（一）编写工艺单（表 3-4-1）

表 3-4-1　短裤工艺单　　　　　　　　　　　　　　单位:cm

客户	×××	款号	×××	合同号	×××	生产日期	×××	生产部门	×××
品名		短裤		样板号	×××	生产单号	×××	交货期	×××

尺寸 部位	尺寸规格表			面料(贴样) 备注:裤钩 1 对,拉链 1 条,有纺衬,无纺衬
	155/64A	160/66A	165/68A	
裤长	26	28	30	
腰围	66	68	70	验布:检查面料是否有色差、布疵、污渍等现象 裁剪要求:裁片准确,刀眼不可超过 0.5 cm,裁片要进行编号
臀围	88	92	96	
裤口	26.5	27	27.5	
款式图:				缝制工艺要求: 1. 面料选 14 号针,针距为 14 针/3 cm～16 针/3 cm 2. 明确包缝部位及手法,数量要准确,无遗漏 3. 收省要求省大、省长符合规格,省缝直而尖,打结要结实并要紧靠省尖 4. 口袋左右大小一致,平服、牢固 5. 门里襟左右长短松紧一致,整体平服 6. 腰头缝制标记要与裤片相应位置一致,不错位。面里松紧适宜,缝份大小一致,面里平服 7. 脚口贴边宽窄一致,缉线顺直匀称 后整理要求: 1. 覆黏合衬部位无脱胶、起泡、起皱 2. 各部位熨烫平服、整洁,无烫黄、水渍、极光等瑕疵

（二）规格设定

1. 成品规格（表3-4-2）

表3-4-2　成品规格　　　　　　　　　　　　　　　　　　　　单位:cm

名称	号/型	裤长（L）	腰围（W）	臀围（H）	裤口
规格	160/66A	28	66＋2（放松量）＝68	90＋2（放松量）＝92	27

2. 细部规格（表3-4-3）

表3-4-3　细部规格　　　　　　　　　　　　　　　　　　　　单位:cm

名称	腰头宽	月牙袋	门襟宽	里襟宽	下摆折边
规格	4	11.5×8.5	3.5	4.5	3

（三）结构制图（图3-4-4）

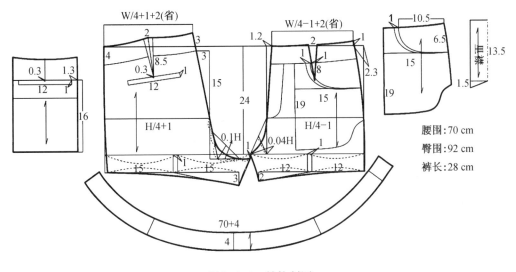

图3-4-4　结构制图

（四）样板制作

1. 放缝

面料样板:侧缝、腰上口放缝1 cm;门里襟、口袋布和垫袋布放缝1 cm;下摆贴边放缝3 cm~4 cm;腰头放缝1 cm。

2. 样板校对（参照西裤）

二、裁剪

（一）面料铺料、排料

将面料正正相对、布边对齐铺料,排料（图3-4-5）。

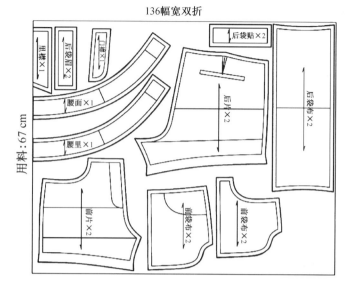

图 3-4-5　面料放缝与排料图

（二）检查裁片数量（表3-4-4）

表 3-4-4　裁片数量

材料	面 料						衬 料				
名称	前裤片	后裤片	腰头	门襟	里襟	月牙袋布	贴袋布	腰面	腰里	门襟	里襟
数量	2	2	2	1	1	2	2	1	1	1	1

三、缝制工艺流程

做标记→做月牙带→包缝口袋布→做后单开线口袋→合内外裤缝→包缝裤边→合裆缝→包缝裤边、门里襟→熨烫裤缝→缉缝裤缝明线→做门里襟、装拉链→绱腰头→缉缝裤脚→钉裤钩→整烫→检验。

四、具体缝制工艺步骤及要求

（一）做月牙袋

（1）将袋布放在下面与裤片对齐,按照1 cm 缝份缉缝(图3-4-6),然后将缝份倒向裤片熨烫,在弧度处打上剪口(图3-4-7),翻到正面熨烫,将裤片袋口留出0.1 cm 坐势(图3-4-8)。

图 3-4-6　缉缝口袋

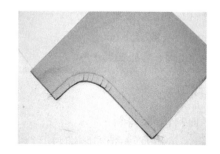

图 3-4-7　打剪口

（2）月牙袋口正面缉缝 0.1 cm 和 0.6 cm 两条明线（图 3-4-9），固定袋口上端和侧缝处。

图 3-4-8　熨烫口袋缝份　　　　　　　　　　图 3-4-9　缉缝口袋明线

（3）按照 1 cm 缝份缉缝袋布并包缝（图 3-4-10）。

图 3-4-10　缉缝袋布　　　　　　　　　　图 3-4-11　烫省

（二）后裤片收省及熨烫

缉缝后裤片省道，从腰上口收致省尖，省尖处不打回针，手工打结，避免省尖起包。将省道反面倒向后中缝熨烫（图 3-4-11）。

（三）做后开线口袋

（1）将左右袋嵌条黏贴无纺衬（图 3-4-12），距腰上口 6 cm 画出口袋位，口袋大 13 cm（图 3-4-13）。

图 3-4-12　嵌条黏衬　　　　　　　　　　图 3-4-13　标记口袋位

（2）裤片正面朝上,将袋牙对齐裤片袋位线,缉缝 1 cm 线迹(图 3-4-14),将口袋布留6 cm 缝份对齐袋位线上端缉缝(图 3-4-15)。

（3）沿口袋中线剪开裤片,距袋口两端 1 cm 处分别剪成三角状(图 3-4-16),将裤片翻至正面,熨烫袋牙(图 3-4-17),然后将裤片翻开,按照烫痕封三角,封三角时来回打倒针(图 3-4-18)。

（4）按照 1 cm 缝份缉缝口袋布和袋牙(图 3-4-19),然后将口袋两侧按照 1 cm 缝份缝合(图 3-4-20),放置反面烫平(图 3-4-21)。

图 3-4-14　缉缝袋牙

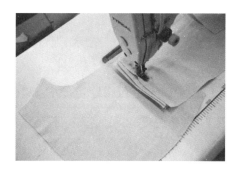

图 3-4-15　缉缝袋布

图 3-4-16　剪三角

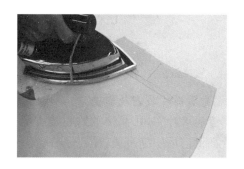

图 3-4-17　熨烫袋牙

图 3-4-18　封三角

图 3-4-19　封口袋

　　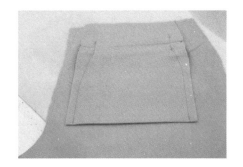

图 3-4-20　缝合袋布　　　　　　　　　图 3-4-21　熨烫袋布

（四）合侧缝

（1）将月牙带布及前后裤片对齐，按照 1 cm 缝份缉缝，将缝份倒向后片烫倒（图 3-4-22）。

（2）将前后片内侧缝对齐，按照 1 cm 缝份缉缝，将缝份倒向前裤片熨烫（图 3-4-23）。

图 3-4-22　缉缝外侧缝　　　　　　　　图 3-4-23　缉缝内侧缝

（五）缝制门里襟、绱拉链

（1）缉缝门襟：将门襟与裤片正面相对，在反面缉缝 0.8 cm 缝份（图 3-4-24），将两层缝份倒向门襟熨烫，顺着门襟正面缉缝 0.1 cm 明线（图 3-4-25）。

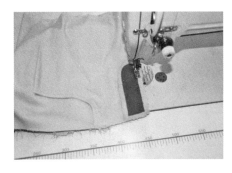　　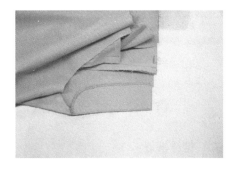

图 3-4-24　缉缝门襟　　　　　　　　　图 3-4-25　门襟明线

（2）缝合裆缝：从门襟下端向上 1 cm 开始起针，保证门襟不外露，再按照 1 cm 缝份缉至后裆缝，将裆缝倒向右侧熨烫，然后将后裆缝和外侧缝缉缝 0.1 cm 明线（图 3-1-26）。

（3）将黏好衬布的里襟对折包缝，将拉链边与里襟边对齐，缉缝 0.5 cm 缝份（图 3-4-27）。

图 3-4-26　缉后裆缝明线

图 3-4-27　缉里襟拉链

（4）将做好的里襟拉链和右裤片缝边对齐，缉缝 0.8 cm 缝份（图 3-4-28），熨烫裤片和拉链里襟并缉压 0.1 cm 明线（图 3-4-29）。

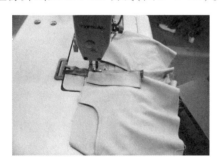

图 3-4-28　绱里襟拉链

图 3-4-29　缉里襟拉链明线

（5）将左右前裤片对齐，找准门襟和拉链对应的位置，固定门襟和拉链（图 3-4-30），借助门襟净样，分别缉缝 0.1 cm 和 0.6 cm 门襟明线（图 3-4-31），并在反面固定里襟和门襟。

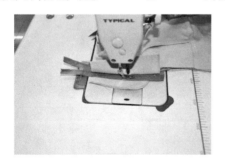

图 3-4-30　绱门襟拉链

图 3-4-31　缉门襟明线

（六）包缝裤缝

将袋布、前后裤片一起包缝，两层内侧缝一起包缝，脚口包缝。

（七）做裤襻、固定裤襻

将裤襻裁剪成 3 cm 宽、8 cm 长，黏衬后包缝一边，将另一边折烫在里边呈 1 cm 宽，在反面缉缝 0.1 cm 线迹,然后将裤襻对准第 1 个褶裥位置,左右各固定 1 个,后裆缝设置 1 个,然后将另 1 个裤襻置于后裆缝裤襻和褶裥裤襻中间,左右裤片做法一致,共缝制 5 个裤襻(图 3-4-32、图 3-4-33)。

图 3-4-32　缉缝裤襻　　　　　　　　　　图 3-4-33　固定裤襻

(八) 做腰、绱腰

(1) 腰面和腰里的反面按净样黏衬,然后将两者正面相对按照 1 cm 缝份缉缝上腰口(图 3-4-34),沿腰头面下口折烫 1 cm 缝份,腰里折烫 0.9 cm 缝份。

(2) 将腰面和裤片正面相对,按照 1 cm 缝份缉缝(图 3-4-35),并按照 1 cm 缝份勾缝腰头两端(图 3-4-36),再将腰头翻至正面熨烫平整,腰面朝上按 0.1 cm 缉缝腰头一周(图 3-4-37)。

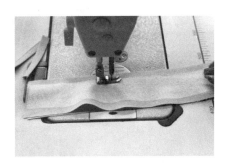 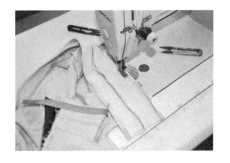

图 3-4-34　缉缝腰头上口　　　　　　　　图 3-4-35　绱腰头

 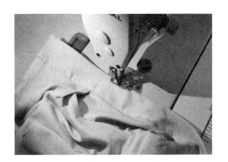

图 3-4-36　绱腰头　　　　　　　　　　　图 3-4-37　缉缝腰头明线

(3) 缉缝裤襻,距离腰口 1 cm 处缉缝固定(图 3-4-38),将裤襻在腰上口折进 0.5 cm,缉缝固定 0.1 cm 明线(图 3-4-39)。

图 3-4-38　固定裤襻下端

图 3-4-39　缉缝裤襻上端

（九）做脚口、锁钉、整烫

（1）按 2 cm 折烫脚口并沿贴边缉缝脚口明线（图 3-4-40）。

（2）在门里襟处固定裤钩。

（3）将短裤由里到外进行整烫（图 3-4-41）。

图 3-4-40　缉缝脚口

图 3-4-41　熨烫门襟里

（4）短裤成衣的试穿（图 3-4-42、图 3-4-43）。

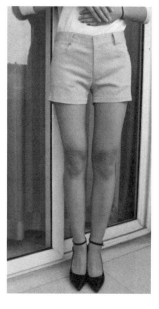

图 3-4-42　成品（正面）

图 3-4-43　成品（背面）

（十）检验

1. 尺寸检验

尺寸检验要求和方法参照西裤,成品规格测量及检验结果见表3-4-5。

表3-4-5　尺寸检验表　　　　　　　　　　　　　单位:cm

规格	设定尺寸	实际测量尺寸	允许误差	误差	备　注
腰围	68	67	允许±1 cm	−1	在误差允许范围内
臀围	92	92	允许±2 cm	0	在误差允许范围内
裤长	28	27.5	允许±1.5 cm	−0.5	在误差允许范围内
裤口	27	26.75	允许±0.5 cm	−0.5	在误差允许范围内

2. 缝制和整烫规定(参照西裤)

任务评价

短裤任务评分标准(表3-4-6)。

表3-4-6　短裤任务评分表

评价指标	评　价　标　准	评价依据	权重	得分
结构、样板制作	1. 尺寸设计合理,符合工艺单要求 2. 结构线设计位置合理、线条清晰,符合款式要求 3. 能够按照工艺单要求、面料性能、部位要求等对样板进行准确放缝 4. 样板文字、符号标注齐全	样板	20%	
裁剪	铺料、排料合理,裁片数量准确	裁片	10%	
缝制	1. 裤长、腰围、臀围尺寸在误差允许范围内 2. 省位准确、对称,省尖顺直、平服、无窝点 3. 腰面平服、顺直,腰头宽窄一致、松紧适宜 4. 门里襟平服,长短一致,明线顺直 5. 侧缝平服、无坐势,线迹顺直 6. 口袋平服、左右对称,等大 7. 脚口平服、不起吊 8. 外观整洁、无粉印,无烫黄、烫焦、极光、水渍等瑕疵	样衣	60%	
职业素质	1. 遵守实训设备操作流程,保持整洁 2. 课后自觉关机、收拾工作台	操作表现、作业	10%	

课后拓展

根据流行趋势设计一款短裤,并完成其工艺单编写、制板和工艺制作。

项目四　综合拓展实训

任务一　圆摆裙制作工艺

任务描述

圆摆裙整体呈伞形轮廓，突出腰部纤细的曲线。与合体的上装搭配，营造出 X 造型，体现女性优雅的气质（图 4-1-1）。

图 4-1-1　各种圆摆裙款式

本任务选择裙长 42 cm、腰头宽 4 cm，底摆 360°、裙里为打底裤的整圆裙作为实训项目（图 4-1-2）。

图 4-1-2　任务实务图

任务目标

- 设计圆摆裙款式图；
- 编写圆摆裙工艺单；
- 设计圆摆裙结构图和制作样板；
- 设计圆摆裙裁剪方案；
- 熟练绱腰头和隐形拉链；
- 圆摆裙整烫和质检。

任务准备

（1）面料：可选择纯棉印花、薄呢、斜纹化纤等面料，门幅为 120 cm，长度为 105 cm（图 4-1-3）。

纯棉　　　　　　　　　薄呢　　　　　　　　　化纤

图 4-1-3　圆摆裙面料

（2）辅料：里料可选平纹纯棉、涤丝纺等，幅宽为 144 cm，用料约 55 cm；无纺黏合衬适量，防伸衬条适量，隐形拉链 1 条，长约 25 cm。

任务实施

一、制定技术文件

（一）编写工艺单（表 4-1-1）

表 4-1-1　圆摆裙工艺单

客户	×× ×	款号	×× ×	合同号	×× ×	生产日期	×× ×	生产部门	×× ×
品名		圆摆裙		样板号	×× ×	生产单号	×× ×	交货期	×× ×
尺寸 部位	尺寸规格表			面料（贴样）		里料（贴样）		备注：隐形拉链 1 条，无纺衬，防 伸衬条	
	155/80A	160/84A	165/88A						
裙长	46	48	50	验布：检查面料是否有色差、疵点、污渍等现象					
裤长	32	34	36						

（续表）

腰围	64	66	68	裁剪要求:裁片准确,刀眼不可超过 0.5 cm,裁片要进行编号

裁剪要求:裁片准确,刀眼不可超过 0.5 cm,裁片要进行编号

缝制工艺要求:

1. 面料选用 14 号针,里料用 11 号针,针距为 14 针/3 cm ~ 16 针/3 cm
2. 明确包缝部位及手法,数量要准确,无遗漏
3. 绱腰头时,腰头缝制标记要与裙片相应位置一致,不错位
4. 装拉链时需左右长短松紧一致,整体平服,不漏拉链齿
5. 底摆贴边宽窄一致,缉线顺直

后整理要求:

1. 覆黏合衬部位无脱胶、起泡、起皱
2. 各部位熨烫平服、整洁,无烫黄、水渍、极光

（二）规格设定

成品规格和细部规格(表 4-1-2)。

表 4-1-2　规格尺寸　　　　　　　　　　　　单位:cm

名称	号/型	裙长(L)	腰围(W)	腰头宽
规格	160/66A	42	66	4

（三）结构制图

（1）整圆裙面料结构制图(图 4-1-4)。

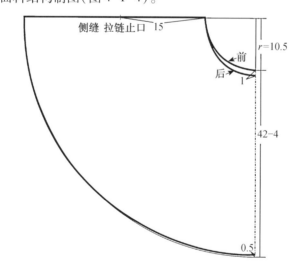

图 4-1-4　面料结构图

（2）整圆裙里料（裙裤）结构制图，以西装裙结构制图为基础，进行裙裤结构设计（图4-1-5）。

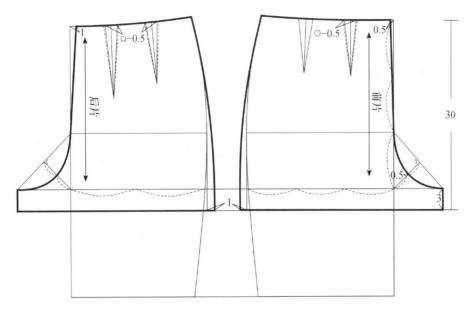

图4-1-5 里料结构图

（四）样板制作

1. 放缝

（1）面料样板：侧缝放缝1.3 cm；腰口和底摆贴边均放缝1 cm；腰头上下均放约1 cm，左右放缝1.3 cm。

（2）里料样板：内外侧缝、腰口、前后裆缝放缝1 cm；底摆贴边放缝1.5 cm。

2. 样板核对（参照西裙和西裤）

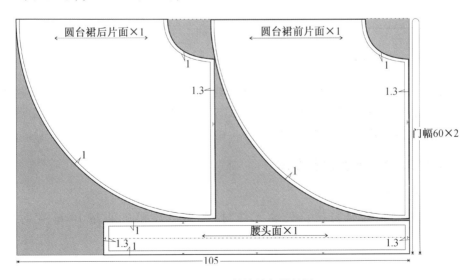

图4-1-6 面料放缝与排料图

二、裁剪

（一）面料铺料、排料

将面料正正相对、布边对齐铺料,排料(图4-1-6)。

（二）里料铺料、排料

将里料正正相对、布边对齐铺料,排料(图4-1-7)。

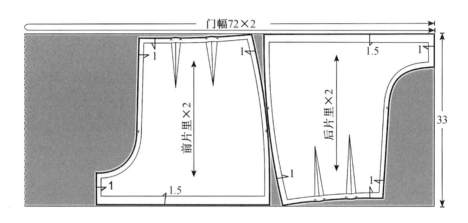

图4-1-7　里料排料图

（三）检查裁片数量(表4-1-3)

表4-1-3　裁片数量

材料	面　料			里　料			无纺衬		防伸衬条
名称	前裙片	后裙片	腰头	前裙裤片	后裙裤片	腰面	侧缝装拉链处		裙片腰口
数量	1	1	1	1	2	1	2		2

三、缝制工艺流程

做标记→烫衬→面里料三线包缝→缝合面料后中缝并分烫→缝合里料裤片侧缝并分烫→做腰、绱腰→绱面料拉链→绱里料拉链→固定里料腰口→固定腰里→缝合裙裤前后裆缝和里侧缝并分烫→做底摆→整烫→检验。

四、具体缝制工艺步骤及要求

（一）烫黏合衬

用熨斗在腰面和侧缝装拉链处黏无纺衬,在前后片腰口处黏1 cm宽防伸衬条(图4-1-8～图4-1-10)。

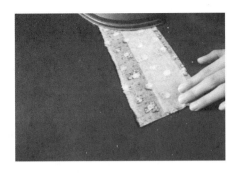

图 4-1-8　腰头烫衬

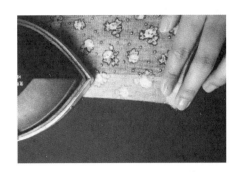

图 4-1-9　右侧缝装拉链处烫衬

图 4-1-10　裙片腰口烫嵌条衬

图 4-1-11　面料包缝

（二）面里料三线包缝

（1）面料裙片除腰口外,其余裙片边缘均包缝（图 4-1-11）。

（2）里料裤片包缝外侧缝、内侧缝和前后裆缝。

（三）缝合裙片面料侧缝

（1）缝合面料侧缝:两片后裙片侧缝正面相对,右侧缝按 1.3 cm 缝份从拉链止口处起针缝至底摆,左侧缝从底摆缝至腰口（图 4-1-12）。

（2）分烫缝份:将缝合后的侧缝分烫平服,右侧缝按净线向上烫平缝份延伸至腰口（图 4-1-13）。

图 4-1-12　缝合面料右侧缝

图 4-1-13　分烫面料右侧缝

（四）缝合里料裤片侧缝

（1）缝合里料侧缝：前后裤片里料正面相对，右侧缝从拉链止口下 1 cm 处起针缝至底摆，左侧缝从底摆缝至腰口。

（2）分烫缝份：将缝合后的左侧缝分烫平服，右侧缝按净线向上烫平缝份延伸至腰口。

（五）做腰、绱腰

（1）熨烫腰头：将腰头反面相对折烫，腰里缝份按照 0.9 cm 扣烫，腰里宽度 4.1 cm。腰面缝份按照 1 cm 扣烫，腰面宽度 4 cm（方法同西装裙）。

（2）绱腰头面：将腰头面和裙面正正相对，按 1 cm 缝份车缝，然后将缝份倒向腰头熨烫（图 4-1-14、图 4-1-15）。

图 4-1-14　缝合裙片和腰面　　　　　图 4-1-15　倒烫腰头缝份

（六）绱面料拉链

从腰头侧缝中点（折痕）开始，将拉链放于裙片上面车缝固定（图 4-1-16）。

（七）绱里料拉链

（1）里料省采用褶裥形式，在距离净缝 0.5 cm 处车缝固定做里料褶裥（图 4-1-17）。

（2）里料正面与拉链反面相对，从裤片腰口开始车缝固定里料、拉链和面料，要求里布平服（图 4-1-18）。

图 4-1-16　绱拉链

图 4-1-17　做褶裥　　　　　图 4-1-18　绱里料拉链

（八）固定里料腰口和腰里

（1）将裤片腰口、裙片腰口和腰头按 0.8 cm 缝份车缝固定,裤片褶裥反面倒向前后中（图 4-1-19）。

（2）将腰头面和里正正相对,分别将左右腰头侧缝和拉链车缝固定（图 4-1-20）。

（3）腰面在上,腰里在下,从右侧缝处起针,沿腰面下口车缝 0.1 cm 固定腰里。要求腰里绷住 0.1 cm～0.2 cm,腰头高低、宽窄要一致（图 4-1-21、图 4-1-22）。

图 4-1-19 固定面里料腰口

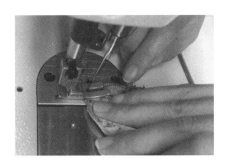

图 4-1-20 车缝腰里和拉链

图 4-1-21 腰头绷明线

图 4-1-22 腰面拉链正面效果

（九）缝合裙裤前后裆缝和里侧缝

（1）缝合裤片前后裆缝:将裙裤两后片裆缝正面相对,按净线车缝并分烫（图 4-1-23）。

（2）缝合裙裤内侧缝:将裙裤内侧缝正正相对,按净线车缝并分烫（图 4-1-24）。要求前后裆缝对齐。

图 4-1-23 缝合裆缝

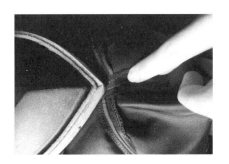

图 4-1-24 分烫内侧缝

（十）做底摆

（1）面料底摆抽细褶，将左手放在压脚后面，距离净线0.6 cm处车缝，然后将底摆按照1 cm缝份扣烫。

（2）距底摆净线0.8 cm处缉明线车缝底摆。要求底摆明线顺直（图4-1-25）。

（3）裙裤反面在上扣烫裙裤底摆，在底边按第一次折0.5 cm，第二次折1 cm，沿边缉缝0.1 cm明线（图4-1-26）。

图4-1-25　面料底摆卷边　　　　　　　图4-1-26　里料底摆卷边

（十一）整烫

（1）由里到外进行整烫。

（2）试穿效果（图4-1-27、图4-1-28）。

图4-1-27　成品（正面）　　　　　　　图4-1-28　成品（背面）

（十二）检验

1. 尺寸检验

尺寸检验的要求和方法参照西装裙和西裤，成品尺寸检验结果见表4-1-4。

表4-1-4　尺寸检验表　　　　　　　　　　单位:cm

规格	设定尺寸	实际测量尺寸	允许误差	误差	备　注
腰围	66	65.5	允许±1 cm	-0.5	在误差允许范围内
裙长	42	42	允许±1.5 cm	0	在误差允许范围内
裤长	34	33.5	允许±1.5 cm	-0.5	在误差允许范围内

2. 缝制和整烫规定(参照工艺单)

任务评价

圆摆裙任务评分标准(表4-1-5)。

表4-1-5 圆摆裙任务评价标准

评价指标	评 价 标 准	评价依据	权重	得分
结构、样板制作	1. 尺寸设计合理,符合工艺单要求 2. 结构线设计位置合理、线条清晰,符合款式要求 3. 能够按照工艺要求、面料性能、部位要求等对样板进行准确放缝 4. 样板文字、符号标注齐全	样板	20%	
裁剪	铺料、排料合理,裁片数量准确	裁片	10%	
缝制	1. 裙长、腰围、臀围尺寸在误差允许范围内 2. 腰面平服、顺直,腰头宽窄一致、松紧适宜 3. 左右拉链平服、长短一致;拉链无露齿 4. 侧缝车线顺直、平服,无坐势 5. 前后裆缝对齐不错位 6. 外观整洁,无粉印,无烫黄、烫焦、极光、水渍等瑕疵	样衣	60%	
职业素质	1. 遵守实训设备操作流程,保持整洁 2. 课后自觉关机、收拾工作台	操作表现、作业	10%	

课后拓展

根据流行趋势设计一款圆摆裙,并完成其工艺单编写、制板和工艺制作。

任务二 假两件裙裤制作工艺

任务描述

假两件裙裤,即裙子和裤子的组合体。款式比较多变,多在短裤或裙裤外面缝制裙片(裙盖片),形成外观像裙型的效果(图4-2-1)。

本任务选择内为短裤、外覆裙盖片的假两件裙裤作为实训项目,裙盖片尺寸约为3/4整身裙、装腰、前后裤片各收省2个、后裙片收省2个、左侧缝装隐形拉链、侧身2粒扣固定裙片和裤身(图4-2-2)。

图4-2-1 假两件裙裤

图4-2-2 任务实物

任务目标

- 编写假两件裙裤工艺单;
- 制作假两件裙裤结构图;
- 设计假两件裙裤裁剪方案;
- 收省、绱隐形拉链、绱腰头;
- 整烫假两件裙裤;
- 检验假两件裙裤质量。

任务准备

(1)面料:假两件裙裤的面料选择比较广泛,夏季可选用轻薄麻织物,冬季可用毛呢织物,而混纺、化纤类的假两件裙裤也很常见。面料颜色图案没有要求,深浅均可。常用的面料幅宽为144 cm,估算面料为裙长或腰围+(6 cm~8 cm)的2倍(图4-2-3)。

亚麻面料

毛呢面料

羊涤混纺

图 4-2-3　假两件常用面料

（2）辅料：有纺黏合衬、防伸衬条适量，隐形拉链 1 条，长约 25 cm。

任务实施

一、制定技术文件

（一）编写工艺单（表 4-2-1）

表 4-2-1　假两件工艺单　　　　　　　　　　　　　　　　　　　单位:cm

客户	×××	款号	×××	合同号	×××	生产日期	×××	生产部门	×××
品名	假两件裙裤			样板号	×××	生产单号	×××	交货期	×××

尺寸\部位	尺寸规格表			面料(贴样)	备注:隐形拉链 1 条,有纺衬,防伸衬条
	155/80A	160/84A	165/88A		
裤长	40	42	44		
裙长	38	40	42		
腰围	68	70	72		验布:检查面料是否有色差、布疵、污渍等现象
臀围	94	98	402		裁剪要求:裁片准确,刀眼不可超过 0.5 cm,裁片进行编号

款式图：

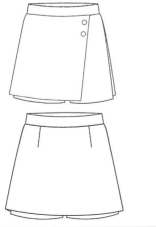

工艺要求：
1. 面料选 14 号针,针距 14 针/3 cm ~ 16 针/3 cm
2. 明确包缝部位及手法,做到数量要准确,无遗漏
3. 收省要求省大、省长符合规格,省缝绱得直而尖,打结要结实并要紧靠省尖。面里料省烫倒方向要正确
4. 腰头缝制标记要与裙片腰口相应位置一致,不错位
5. 装拉链需左右长短松紧一致,整体平服,不露拉链齿
6. 裤口卷边宽窄一致

后整理要求：
1. 各部位熨烫平服、整洁,无烫黄、水渍及亮光
2. 覆黏合衬部位不允许有脱胶、渗胶及起皱

（二）规格设定（表 4-2-2）

表 4-2-2　成品规格　　　　　　　　　　　　　　　　单位：cm

名称	号/型	腰围（W）	臀围（H）	裤长	裙长	立裆（含腰）	腰头宽
规格	160/68A	70	90+8（放松量）=98	42	40	25	3.5

（三）结构制图

1. 裤结构图（图 4-2-4）

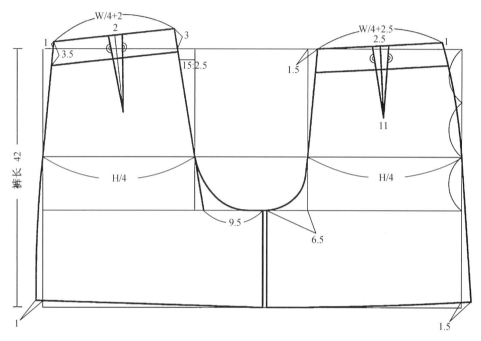

图 4-2-4　假两件裤结构图

2. 裙片结构图（图 4-2-5）

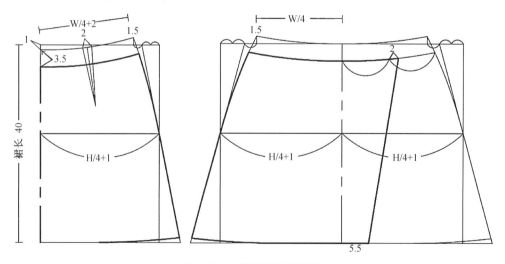

图 4-2-5　假两件裙结构图

3. 腰头处理(图4-2-6)

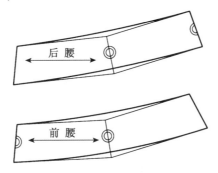

图4-2-6　假两件裙裤腰头

(四) 样板制作

1. 面料样板

侧缝放缝1 cm,下摆贴边放缝2.5 cm,腰头放缝1 cm(图4-2-7)。

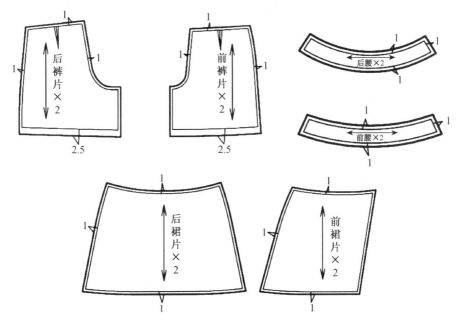

图4-2-7　假两件裙裤面料放缝图

2. 衬料样板

前腰附有纺薄衬,在净样板的基础上腰放1 cm(图4-2-8)。

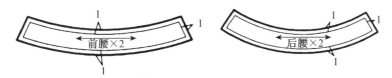

图4-2-8　假两件裙裤衬料放缝图

3. 样板校对(参照西裙和西裤)

二、裁剪

(一) 面料铺料、排料

将面料正正相对、布边对齐铺料,然后进行排料(图4-2-9)。

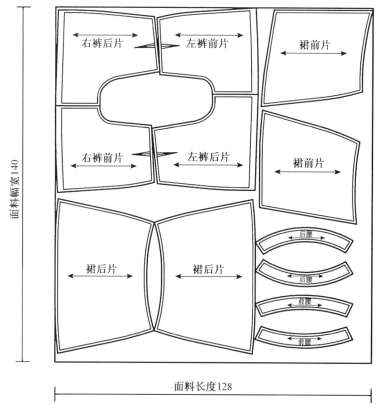

图4-2-9　面料排料图

(二) 检查裁片数量(表4-2-3)

表4-2-3　裁片数量

材料	面　料						衬　料	
名称	前裤片	后裤片	前腰	后腰	前裙片	后裙片	前腰	后腰
数量	2	2	2	2	2	2	2	2

三、缝制工艺流程

做标记→烫衬→点位→收省→缝合前后裙片→做裙盖片→做右裤身→固定裙盖片与左裤后片→做左裤身→合裆→做腰头→绱腰头→装拉链→固定腰里→裤口卷边→钉扣→整烫→质检。

四、具体缝制工艺步骤及要求

(一)烫黏合衬

前后腰整片黏合斜丝缕有纺衬(薄型),选用合适的温度、时间和压力,以保证黏合均匀、牢固、不起泡,有条件的用黏合机黏合(图4-2-10)。在裤左前片、左后片侧缝口袋拉链处黏合1.2 cm防伸衬条,平行于布边,黏合时不可拉伸,蒸汽熨斗温度不可过高(图4-2-11)。

图 4-2-10 前后腰黏有纺薄衬　　　　图 4-2-11 袋口黏防伸衬条

(二)点位

用毛样板对衣身省、拉链、纽扣及裙盖片的缝合位置进行点位,确定缝制过程中的重要缝合位置和尺寸(图4-2-12、图4-2-13)。

图 4-2-12 样片点位　　　　　　图 4-2-13 绘省线

(三)面料收省、烫省

衣身反面依省中线对折车缝省道,腰口处倒回针,距省尖约3 cm时调小线迹密度,车缝到省尖处留4 cm左右线头打结(图4-2-14)。

图 4-2-14 面料收省　　　　　　图 4-2-15 烫省

将左右裤片的前、后省缝分别向前后中缝烫倒,熨烫时面料放置在袖凳上。两个后裙片的同一位置省缝,倒向错开,裙面省倒向后中,裙里省倒向侧缝(图4-2-15)。

(四) 做裙盖片

(1) 拼合前后裙片:将前、后裙片(收省后)正面相对,右侧缝缉线1 cm,制作出裙盖片的面和里(图4-2-16)。因此款裙用的麻织物面料比较轻薄,侧缝选用倒缝熨烫,可放置在烫凳上,要求烫平整(图4-2-17)。

(2) 缝合裙面裙里:两片裙盖片的面与里正面相对,从前裙腰侧缝处缉线至后裙左侧缝底摆位置,缝份为1 cm,要求省道位置、侧缝位置对齐(图4-2-18)。

(3) 整烫裙盖片:用剪刀修剪缝份至0.5 cm后翻转熨烫0.1 cm反止口,要求正面不露裙里。整烫裙盖片,要求平整、顺滑(图4-2-19~图4-2-21)。

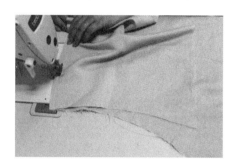

图4-2-16 拼合前后裙片

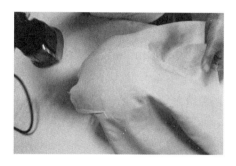

图4-2-17 熨烫裙侧缝

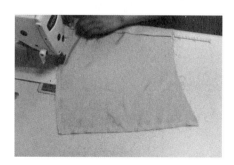

图4-2-18 裙面与裙里拼合

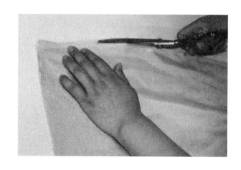

图4-2-19 修剪缝份

图4-2-20 烫反止口

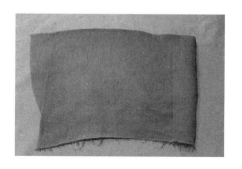

图4-2-21 成品效果

（五）缝制右裤身

（1）右裤身合缝：右裤前片与右裤后片的面料正面相对，在侧缝处，由裤口处开始缉线1 cm缝合右裤身（图4-2-22、图4-2-23）。

（2）侧缝包缝：因面料轻薄，将侧缝缝份（两层面料）一起三线包缝，包缝线迹要均匀，宽窄一致，不空虚（图4-2-24）。侧缝衣身反面放置到烫凳上，将缝份倒向后身（图4-2-25）。

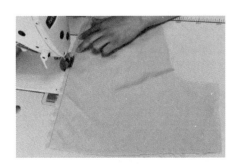 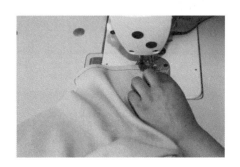

图4-2-22　右裤身合侧缝　　　　　　　图4-2-23　合裤右内缝

 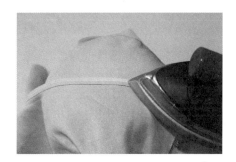

图4-2-24　侧缝包缝　　　　　　　　　图4-2-25　侧缝熨烫

（六）缝制左裤身

（1）固定裙片：裙盖片里与左裤后片（黏防伸衬条）的正面相对，在侧缝处反面缉线0.5 cm（图4-2-26）。三线包缝裙里，合裤身侧缝缝份（图4-2-27）。

（2）合侧缝：合缝前，先用三线包缝左裤前片外侧缝。将裤后片、裤前片左侧缝面料正面相对，裙盖片夹在两层面料中间，从拉链位置处反面缉线1 cm（图4-2-28）。缝合完毕后，左侧缝面料层数较多（4层），而且需要绱拉链，因此需用熨斗将缝份分缝烫平。

（3）合内缝：左裤后片与左裤前片面料正面相对，内缝处反面缉线1 cm（图4-2-29）。将侧缝缝份一起三线包缝，包缝线迹要均匀（图4-2-30），再将缝份向后熨烫平服。

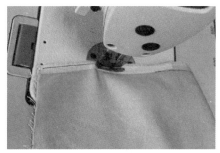

图4-2-26　裙片、左裤后片缉线固定

147

图 4-2-27　左裤身外侧缝包缝

图 4-2-28　合裤身左侧缝

图 4-2-29　合裤左内缝

图 4-2-30　左裤身内缝包缝

（七）合裆

前后裆面料正面相对,反面来回缉线两次,缝份 1 cm,裆底对齐成"十"字不错位,完成后进行三线包缝缝份并熨烫(图 4-2-31、图 4-2-32)。

图 4-2-31　合裆缝

图 4-2-32　裆缝包缝

（八）做腰头

（1）合前后腰:根据面料样板,修剪前后腰多余的缝头。将前后腰的面料正面相对,在右侧缝处拼合,缝份为 1 cm,并分缝烫平(图 4-2-33、图 4-2-34)。

（2）合腰面和腰里:腰面、腰里面料正面相对,反面缝合上腰口 1 cm(图 4-2-35)。翻转腰面、腰里,在腰里上腰口处缉线 0.1 cm(图 4-2-36)。正面熨烫反止口,正面不漏腰里。

图 4-2-33　合前后腰侧缝

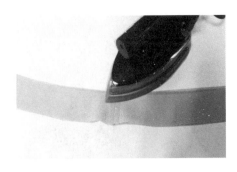

图 4-2-34　熨烫缝份

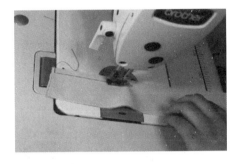

图 4-2-35　合前后腰面、里

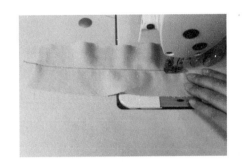

图 4-2-36　腰里缉线 0.1 cm

（3）包烫：根据裙腰头宽度 3 cm，折烫裙腰面，熨烫平整（图 4-2-37）；再将裙腰里包过裙面熨烫，下层裙里比裙面宽约 0.1 cm～0.2 cm，面料厚度不同略有差异（图 4-2-38）。

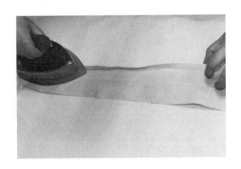

图 4-2-37　裙腰面 3 cm 折烫

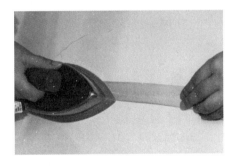

图 4-2-38　裙腰里包烫裙腰面

（九）绱腰

（1）固定裙盖片和腰上口：裙盖片与裤身腰上口线对齐，缉线固定 0.5 cm 款式位置。缝合时，注意裙片与裤身的侧缝、省位需一一对应（图 4-2-39）。

（2）绱腰头：腰面与裤身腰口对齐，从左侧缝处缉线一圈，缝份 1 cm，要求腰头侧缝与裤身侧缝线位置一致（图 4-2-40）。缝合后，衣身放在烫凳上，熨烫腰身至平服。

图 4-2-39　裙片与腰上口固定　　　　　　　图 4-2-40　缅腰头

（十）装拉链

缅拉链前,先用熨斗尖快速熨烫拉链。拉链在上,与裤身左侧缝正面相对,拉链口离腰口 0.7 cm。用单边压脚贴近拉链齿开始缉线,车缝至拉链下口预留位(多缝 0.1 cm),拉链前后缝合对称,无起拱、起吊(图 4-2-41、图 4-2-42)。

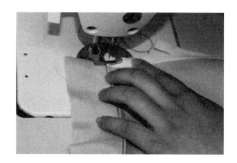

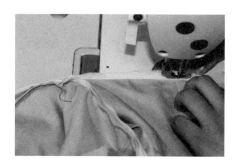

图 4-2-41　装拉链 1　　　　　　　　　　图 4-2-42　装拉链 2

（十一）固定腰里

（1）勾腰头:单边压脚上口贴近拉链齿,下口斜出 0.5 cm,用镊子翻转腰头成直角,且保证翻转面料不起拱(图 4-2-43)。

（2）腰面漏落缝:腰面在上、腰里在下,从拉链处,沿腰面缝份漏落缝一圈,线迹平整不外露,反面缉住腰里 0.1 cm,不可滑针(图 4-2-44)。

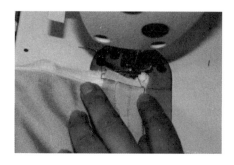

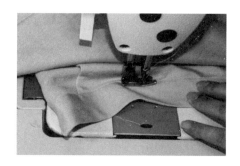

图 4-2-43　勾腰头　　　　　　　　　　　图 4-2-44　固定腰面

（十二）裤口卷边

裤口面料反面在上,第一次折1 cm,第二次折1.5 cm,沿边缉0.1 cm,线迹松紧适宜,缝合完毕后熨烫裤口(见图4-2-45、图4-2-46)。

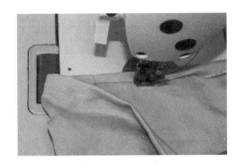

图4-2-45 裤口卷边

图4-2-46 熨烫裤口

（十三）后整理

（1）钉扣:根据前面点位的纽扣位置,钉纽扣时,缝线固定裙片合裤身(见图4-2-47)。

（2）整烫:整烫前应先将裙子上的线头、粉印、污渍清除干净。从腰头开始熨烫整个衣身。正面采用喷烫或垫布熨烫,面料不能烫出极光(见图4-2-48)。

图4-2-47 钉扣子

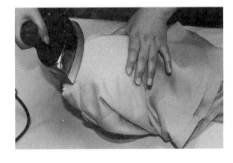

图4-2-48 整烫衣身

（3）试穿效果(图4-2-49、图4-2-50)。

图4-2-49 成品(正面)

图4-2-50 成品(背面)

(十四) 质检

1. 尺寸检验

尺寸检验要求和方法参照西装裙和西裤,尺寸检验结果见表 4-2-4。

表 4-2-4 尺寸检验表 单位:cm

规格	设定尺寸	实际测量尺寸	允许误差	误差	备 注
腰围	70	70.6	允许 ±1	+0.6	在误差允许范围内
臀围	98	99.3	允许 ±1.5	+1.3	在误差允许范围内
裤长	42	41.5	允许 ±1	-0.5	在误差允许范围内
裙长	40	40	允许 ±1	0	在误差允许范围内

2. 缝制、整烫规定(参照西装裙、西裤)

任务评价

假两件任务评分标准(表 4-2-5)。

表 4-2-5 假两件裙任务评分表

评价指标	评 价 标 准	评价依据	权重	得分
结构、样板制作	1. 尺寸设计合理,符合工艺单要求 2. 结构线设计位置合理、线条清晰,符合款式要求 3. 能够按照工艺单要求、面料性能、部位要求等对样板进行准确放缝 4. 样板文字、符号标注齐全	样板	20%	
裁剪	铺料、排料合理,裁片数量准确	裁片	10%	
缝制工艺	1. 裤长、腰围、臀围、裤口尺寸在误差允许范围内 2. 腰面平服、顺直,腰头宽窄一致、松紧适宜 3. 省位准确、对称,省尖顺直、平服、无窝点 4. 左右拉链平服、长短一致,拉链无露齿 5. 侧缝车线顺直、平服、无坐势 6. 裙盖片平服不起吊,纽扣按要求订制 7. 外观整洁、无粉印、无烫黄、极光、水渍等瑕疵	样衣	60%	
职业素质	1. 遵守实训设备操作流程,保持整洁 2. 课后自觉关机、收拾工作台	操作表现、作业	10%	

课后拓展

根据流行趋势设计一款假两件,并完成其工艺单编写、制板和工艺制作。

项目五　服装企业样衣制作实例

任务一　阔腿裤制作工艺

任务描述

　　阔腿裤,较普通裤子的下裆,裤口放宽。既有裤子的优点,如便于行动、不易走光,又有裙子的飘逸浪漫和宽松舒适(图5-1-1)。阔腿裤臀围最宽处以下较宽松,腰腹和臀的剪裁也可以非常贴身。宽松的轮廓,修饰腿型,穿着更加简洁大气。

图 5-1-1　阔腿裤

　　本任务选择外轮廓为合体直身、底摆略收,装腰头、前裤片左右各2个褶裥、1个斜插袋,后裤片腰头装松紧,以在左侧缝上部装隐形拉链的阔腿裤为实训项目(图5-1-2)。

图 5-1-2　阔腿裤

任务目标

- 设计阔腿裤款式图;
- 编写阔腿裤工艺单;
- 制作阔腿裤工业样板;
- 设计阔腿裤裁剪方案;
- 做斜插袋,绱隐形拉链,绱腰头等工艺;
- 阔腿裤整烫和质检。

任务准备

(1)面料:阔腿裤的面料常选用具有良好垂感的轻薄类织物,如雪纺、薄呢类、混纺棉麻等织物(图 5-1-3)。常用的面料幅宽为 144 cm,估算面料为裤长 + (6 cm ~ 8 cm)或腰围 + (6 cm ~ 8 cm)。

雪纺面料	棉麻混纺	薄呢类
亚麻	牛仔	针织

图 5-1-3　阔腿裤可选面料

(2)辅料:有纺黏合衬、防伸衬条适量,隐形拉链 1 条,3.5 cm 宽橡筋 1 根。

任务实施

一、技术文件

（一）生产工艺单（表5-1-1）

表5-1-1　×××公司服装生产工艺单

单位：cm

编码	JS/FZ-JS/15-1444		款号：×××　品名：侧缝形拉链阔腿裙裤	后处理方式	整烫方式　贸易方式：一般贸易	技术负责 ×××	制板人 ×××	工艺制作 ×××	订单数量 ×××××	检针 是	业务员 ×××
					平面款式图（缩率经－2%，纬－2%）						

平面款式图（缩率经－2%，纬－2%）

	尺码	成衣规格			公差	参考尺寸
		36	38			
A	裤长	70	72		±1	
B	腰围——拉量	77	80		±1	
C	腰围——松量	65	68		±1	
D	臀位——前中含腰	21	21.5			参考尺寸
E	臀围（褶裥打开量）	117	120		±1	
F	1/2 脚口宽	37	38		±0.5	
G	前裆（含腰）	32.5	33			参考尺寸
H	后裆（含腰）	44	45			参考尺寸
I	前腰长	33.5	35		±0.5	

其他尺寸参见客户样衣尺寸

TC袋布		口袋，厂供

（续表）

项目	规格/供应	要求/说明
尺唛（只）	客供	裤子后中缝
洗唛（只）	客供	裤子右侧缝口袋下 5 cm
主唛（只）	客供	裤子后中缝
衬布	后中开叉，厂供 DK5050，#01 配黑色，其他配白色	
衬条	前斜袋口，厂供 DK3030，1.2 cm 直裁防伸衬条，#01 配黑色，其他配白色	
隐形拉链	侧缝，厂供 22 cm，#01 配#580，#08 配#832，#75 配#236	
风纪扣	侧缝，厂供#0 号，#01 配黑色，其他配银色	
平橡筋	3.5 cm，厂供#01 配黑色，其他配白色	
所有缝制线	厂供，缲边#802，其他#603 涤纶线。大身配大身色，袋布配袋布色	
价格挂牌（只）	客供	
穿绳（条）	客供	
胶带（只）	厂供	
箱袋	厂供，送检时用	
备纽袋	厂供	
衣架	客供	
箱子	厂供，内有牛筋固定衣架	

缝份要求：

部位		缝份	说明
内缝	侧缝	1.2	定拉链布边，后腰两侧 1 cm 固定橡筋
	前后档	1	止口说明：前口袋暗口袋止口，腰漏洛针，拉链尾包布，固定拉链布，后腰两侧 1 cm 固定橡筋
上腰		1	用线说明：普通 603 涤纶线，裤口缲边 802 涤纶线；锁眼要求：无
脚口		3.5	衬布说明：前腰，有纺薄衬；前袋口，1.2 cm DK 3030 防伸衬；订扣：左侧缝钉 1 副风纪扣

针距：止口线，拼缝线 15 针/3 cm；包缝线 17 针/3 cm

拼缝方式：1. 三线包缝：侧缝、前后档、内缝，前袋贴，前袋垫 2. 二道平车：前后档

套结：口袋下口（与口袋垂直）

对花要求：一件一方向

面料放缩周期：无

其他说明：
1. 腰头穿橡筋控制好腰周尺寸
2. 袋口藏在裥里面，收裥左右对称
3. 仅后腰穿橡筋，腰头漏洛针线迹不可外露
4. 脚口缲边涤纶针迹不可外露，藏好线头，不可脱散

面辅料择预处理：橡筋 160℃蒸汽预缩，参考缩率 -3%

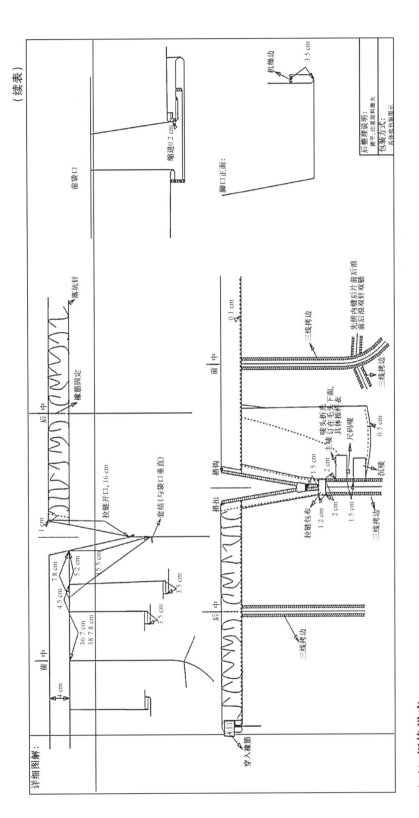

（续表）

（二）规格设定

根据款式工艺单的要求，选定中国号型 165/68A 作为基本款（表 5-1-2）。

表 5-1-2　成品规格

单位：cm

名称	号/型	裤长（L）	腰围（W）	臀围（H）	腰头宽
规格	165/68A	72	68	92＋28（放松量）＝120	4

（三）结构制图（图5-1-4）

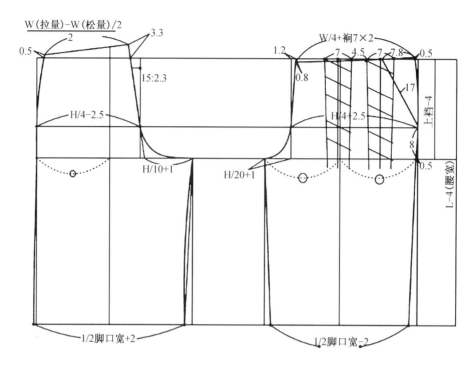

图5-1-4　阔腿裤结构图

（四）样板制作

1. 面料样板

（1）裤身样板：侧缝放缝 1 cm~1.2 cm，袋口放缝 1 cm，下摆贴边放缝 3.5 cm，腰头放缝1 cm（图5-1-5）。

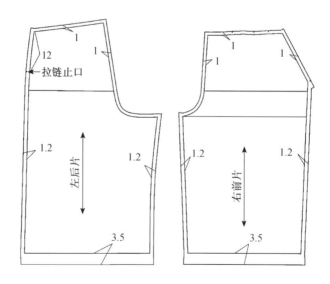

图5-1-5　阔腿裤面料样板

（2）零部件样板：零部件对应衣身样板缝合位置放出相应缝份（图5-1-6）。

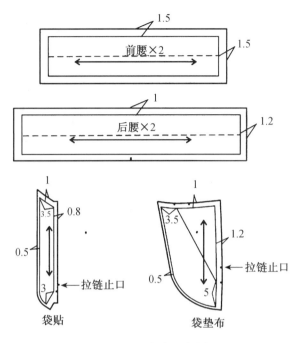

图5-1-6　零部件面料样板

2. 里料样板

制板过程中注意袋布有左右两片，相互对称（图5-1-7）。

3. 衬料样板

前腰附有纺薄衬，在净样板上腰放1 cm，侧缝1.2 cm（图5-1-8）。样板制作完毕后需要进行校对，确定样板数量是否完整，尺寸规格是否符合工艺单要求，表述是否规范。

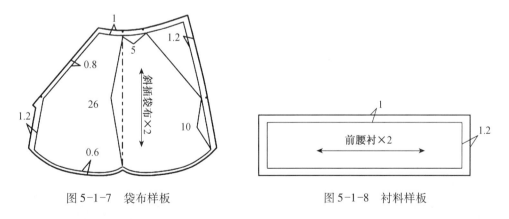

图5-1-7　袋布样板　　　　　　　　图5-1-8　衬料样板

4. 样板校对（参照西裤）

二、裁剪

（一）排料

在门幅为144 cm的面料上，进行预排料，尽量提高面料的利用率，降低成本

（图5-1-9）。里布（口袋样板）和衬料（前腰样板）的裁片和用料都比较少，单件裁剪时主要考虑纱线方向。

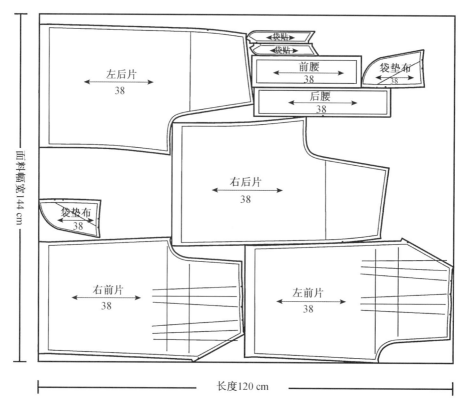

图5-1-9　面料排料图

（二）裁剪（图5-1-10、图5-1-11）

（1）裁剪之前清点面、里、衬样数量。

（2）面料下垫裁剪纸（网格），面料上放裁剪纸样。

（3）拉布中，面料要摊平，勿用力拉伸面料，造成样板缩片。

（4）用重物固定压实，裁剪过程注意裁剪姿势，防止面料滑移。

（5）裁片的相应对位，做好深0.5 cm的剪口（不超过净样线），不可遗漏。

图5-1-10　铺料

图5-1-11　裁剪

（三）检查裁片数量（表5-1-3）

表5-1-3　裁片数量

材料	面　　料						里料	衬料
名称	前裤片	后裤片	前腰	后腰	前袋垫布	前袋贴布	袋布	前腰
数量	2	2	1	1	2	2	2	1

三、缝制流程

裁剪→黏衬→做口袋→收褶→合侧缝→包烫裤口→合内缝→前后浪、裤口包缝→前后浪合缝→做腰头→缩腰头→装拉链→勾腰头→固定拉链织带→后腰漏落缝→后腰穿橡筋→前腰漏落针→裤口三角针→袋口横套结→腰头钉风纪扣→裤身整烫→质检。

四、具体缝制工艺步骤及要求

（一）黏衬

（1）前腰黏衬:前腰整片黏合斜丝缕有纺衬（薄型）,需经过黏合机,否则水洗易脱落、起泡,影响服装外观质量（图5-1-12）。

（2）袋口黏衬:面料反面黏合1.2 cm防伸衬条,平行于布边,熨斗黏合不可拉伸。蒸汽熨斗温度不可过高,黏合时最好位于吸风烫台（图5-1-13）。

图5-1-12　前腰黏有纺薄衬　　　　　　图5-1-13　袋口黏防伸衬条

（二）做口袋

（1）袋贴布、袋垫布包缝:袋贴布、袋垫布三线包缝,面料正面朝上掌握送料力度,防过力拉伸面料,线迹要平整美观（见图5-1-14、图5-1-15）。

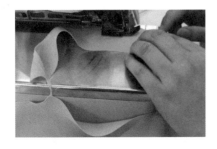
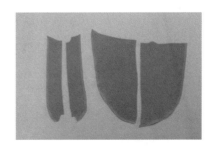

图5-1-14　袋贴布、袋垫布包缝　　　　图5-1-15　包缝效果

（2）合袋贴布、袋垫布：分清左袋和右袋，将袋贴布反面与袋布正面对齐，包缝的一侧在袋布内侧，袋贴布、袋垫布的毛边与袋布边缘对齐。压线时，线迹位于包缝线中间，不能超出包缝线（见图5-1-16、图5-1-17）。

图5-1-16　缝合袋贴布、袋垫布

图5-1-17　缝合效果

（3）袋垫布点位：用袋垫布毛样板对其进行点位，确定口袋上下止口缝合位置（图5-1-18）。

（4）勾袋布：袋布反面相对缉线0.4 cm，缉线完后修齐留缝份0.3 cm（图5-1-19）。袋布翻至正面熨烫平整，面料正面缉线0.6 cm，毛头不可外露（图5-1-20）。

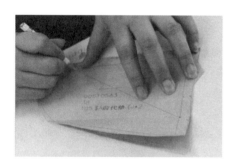

图5-1-18　袋垫布点位

图5-1-19　袋布正面来缝0.4 cm

图5-1-20　袋布反面来去缝0.6 cm

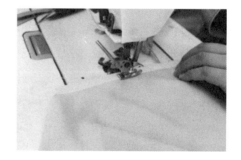

图5-1-21　袋口反面缉线0.8 cm

（5）袋布与裤身拼合：袋贴布、袋布与裤前片袋口位置正面相对，缉线0.8 cm，可垫硬纸板防止袋口拉伸变形（图5-1-21）。翻转裤身，摊平袋口，缝份倒向袋贴布，在袋贴布上压0.1 cm的暗止口线（图5-1-22、图5-1-23）。缝合完毕后，烫反止口0.1 cm，压烫平整、且袋贴布不反吐(图5-1-24)。

　　(6)封袋口:将袋布沿中线对折,袋贴布放在袋垫布上,对齐袋垫布画出的对位点,缉线0.8 cm,封住袋口(图5-1-25)。此时的封袋口为临时固定用,缝份不可超过1 cm,以免缝合裤子侧缝时候,露出线迹,需重新拆线。斜插袋口与袋垫布上口、侧缝对齐缉0.3 cm左右缝份,固定袋布侧边(图5-1-26)。封袋口时,裤身斜插袋不可绷紧,留0.2 cm~0.3 cm的松量,便于穿着者使用(图5-1-27)。

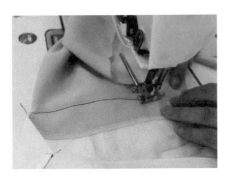

图5-1-22　袋贴布正面缉线0.1 cm

图5-1-23　袋口缝合效果

图5-1-24　熨烫0.1 cm反止口

图5-1-25　封袋口0.8 cm

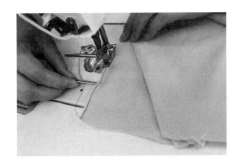

图5-1-26　固定袋布0.3 cm

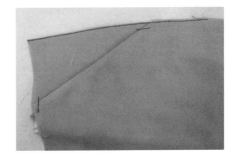

图5-1-27　封口效果

(三)合侧缝

　　(1)裤身侧缝、内缝三线包缝:裤身正面朝上,包缝线迹要均匀,宽窄一致,不空虚(图5-1-28)。

（2）收褶:前身按照点位收 2 个 3.5 cm 褶裥,缝线约 0.5 cm,不超过腰口净样缝线,褶裥倒向侧缝(图 5-1-29)。

图 5-1-28　侧缝包缝

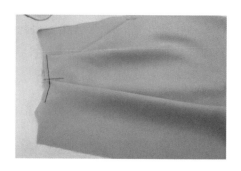

图 5-1-29　裤前身收褶裥

（3）拼合侧缝:裤子前后片正面相对,前裤片在上,以缝份 1 cm 拼合左右裤身外侧缝。其中,左侧缝留拉链开口 12 cm,缝合完后分缝烫平(图 5-1-30、图 5-1-31)。

图 5-1-30　左外侧缝留 12 cm

图 5-1-31　分缝熨烫

（四）翻烫裤口

翻烫裤口折边 3.5 cm,可用扣烫板辅助,裤口熨烫干净、平整(图 5-1-32)。

（五）拼合内缝

从裤口向上拼合,缝份 1 cm(图 5-1-33)。其中,前后裤身的内侧缝尺寸差量,在裆底内侧大腿处做吃势。缝合完毕后,分缝烫平内缝。

图 5-1-32　包烫裤口

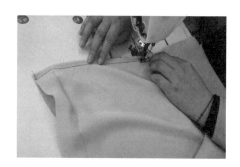

图 5-1-33　合裤内缝

（六）前后裆、裤口三线包缝

前后裆缝、裤口正面朝上，三线包缝前后裤裆、裤口，注意包缝过程中的手势，用力均匀勿拉伸（图5-1-34）。

（七）合裆

前后裆面料正面相对，反面双线拼缝1 cm，来回缉线2次，裆底对齐成"十"字，不错位，完成后分缝烫平（图5-1-35）。

图5-1-34　裤裆、裤口包缝　　　　　　　　图5-1-35　熨烫裆底缝

（八）做腰头

（1）前后腰包烫：样片摆正，开启吸风烫台，放置扣烫净样板，熨烫出腰宽8 cm（图5-1-36）。熨烫过程中熨斗不可推移，面料由外侧向内侧扣烫。熨烫完毕后，修剪1 cm缝份，做好对位标记。腰头反面相对对折熨烫，腰里比腰面宽多0.1 cm（图5-1-37）。

（2）合前后腰：前后腰正面相对，扣烫的缝份打开，在右侧缝1 cm处缝合，然后分缝烫开（图5-1-38、图5-1-39）。注意分清左、右腰头，合缝前按照样板修剪平顺。

图5-1-36　包烫前后腰　　　　　　　　　图5-1-37　对折熨烫0.1 cm

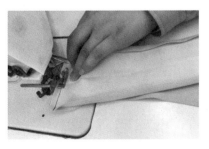

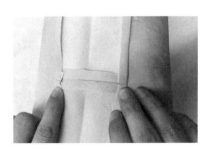

图5-1-38　合前后腰　　　　　　　　　　图5-1-39　烫开缝

（九）绱腰头

在绱腰头前,要对齐检验左右两个斜插袋的高度、褶裥,确定绱腰的尺寸是否需要调整（图5-1-40）。腰面与裤身正面相对缝合1 cm缝份。注意侧缝对齐,口袋两边高度、左右褶裥对称,整个腰身顺畅（图5-1-41）。

图5-1-40　绱腰前检验尺寸

图5-1-41　绱腰效果

（十）装拉链

（1）装拉链:装隐形拉链用单边压脚,拉链卡口离腰口折线0.7 cm处与裤身左侧缝正面相对,贴近拉链齿压线,拉链下口车缝与预留位重合0.1 cm,重合过多会导致侧缝拉链尾部处不平整（图5-1-42）。拉链前后缝合对称,保证无起拱、起吊（图5-1-43）。

（2）拉链包尾:选用里布做1 cm宽包布,距离尾部3 cm,包住拉链尾巴（图5-1-44、图5-1-45）。

图5-1-42　装拉链

图5-1-43　拉链正面效果

图5-1-44　拉链尾包布

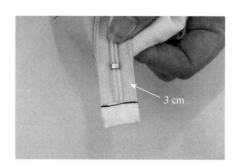

图5-1-45　拉链尾包布效果

(十一) 勾腰头

腰头按上口折线正面相对,单边压脚上口离拉链齿距离 0.3 cm,下口斜出 0.5 cm (图 5-1-46)。修剪转角和多余缝份,用镊子翻转腰头成直角,面料不起拱,喷烫定型 (图 5-1-47)。

图 5-1-46　勾腰头 1　　　　　　　　　　图 5-1-47　勾腰头 2

(十二) 固定拉链织带

拉链织带与侧缝对齐固定 0.1 cm(图 5-1-48)。

(十三) 后腰漏落缝

在后腰与裤身合缝处,漏落缝固定腰里,线平整不外露,反面绗住腰里 0.1 cm,不可滑针(图 5-1-49)。注意只缝合后腰,不缝合前腰。

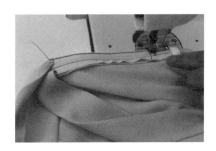

图 5-1-48　固定拉链织带　　　　　　　图 5-1-49　后腰漏落缝

(十四) 后腰穿橡筋

(1) 穿橡筋:后腰橡筋长 33 cm、宽 3.5 cm,橡筋从缝头上面穿过(图 5-1-50)。

图 5-1-50　后腰穿橡筋　　　　　　　图 5-1-51　拉链处固定橡筋

（2）固定橡筋：橡筋穿过后腰至拉链处，距离拉链1 cm缉明线固定（图5-1-51）。尾端距侧缝1 cm缉明线固定（图5-1-52）。为了防止橡筋扭曲，将橡筋与面料同时拉齐，然后在后中缝缉明线固定（图5-1-53）。

图5-1-52　右侧缝固定橡筋　　　　　图5-1-53　固定橡筋

（十五）前腰漏落针

前腰正面在上，从拉链处起针，沿前腰缝迹漏落针压线固定腰里，缉住反面前腰里0.1 cm，腰面平服不起链（图5-1-54）。

（十六）裤口缲边

用三角针法沿包缝线将裤口折边与大身缲牢，针距0.6 cm~0.8 cm固定。要求线迹松紧适宜，裤口正面不露针迹（图5-1-55）。

图5-1-54　前腰漏落针　　　　　图5-1-55　裤口三角针

（十七）后整理

（1）袋口横套结：宽0.3 cm，长0.5 cm。

（2）整烫：整烫前清剪线头，去除粉印和污渍。全身整烫时候，面料正面只可喷烫，勿用力压烫，避免极光。反面可加垫布熨烫平整，或调低温度，减小压力压烫。

（3）成品试穿（图5-1-56、图5-1-57）。

图 5-1-56 成品(正面)

图 5-1-57 成品(侧面)

(十八) 质检

1. 尺寸检验

尺寸检验要求和方法参照工艺单及女西裤,成品尺寸检验结果见表5-1-4。

表 5-1-4 尺寸检验表　　　　　　　　　　　　单位:cm

规格	设定尺寸	实际测量尺寸	允许误差	误差	备 注
腰围	68	69	±1	1	在误差允许范围内
臀围	120	121.6	±1	1.6	在误差允许范围内
裤长	72	72.4	±1	0.4	在误差允许范围内
1/2 脚口宽	33	33	±0.5	0	在误差允许范围内
口袋长	17	16.8	±0.3	-0.2	在误差允许范围内
前腰长	35	35.3	±0.5	0.3	在误差允许范围内

2. 缝制、整烫规定参照(工艺单和女西裤)

任务评价

阔腿裙裤任务评分标准(表5-1-5)

表 5-1-5 阔腿裙裤任务评分表

评价指标	评 价 标 准	评价依据	权重	得分
结构、样板制作	1. 尺寸设计合理,符合工艺单要求 2. 结构线设计位置合理、线条清晰,符合款式要求 3. 能够按照工艺单要求、面料性能、部位要求等对样板进行准确放缝 4. 样板文字、符号标注齐全	样板	20%	

（续表）

评价指标	评 价 标 准	评价依据	权重	得分
裁剪	铺料、排料合理，裁片数量准确	裁片	10%	
缝制工艺	1. 裤长、腰围、臀围、裤口尺寸在误差允许范围内 2. 腰面平服、顺直，腰头宽窄一致、松紧适宜 3. 褶位准确、对称，裆"十字"对缝准确 4. 左右口袋对称，长短一致，袋口平整 5. 侧缝车线顺直、平服、无坐势 6. 裤口平服，不起吊 7. 外观整洁、无粉印，无烫黄、极光、水渍等瑕疵	样衣	60%	
职业素质	1. 遵守实训设备操作流程，保持整洁 2. 课后自觉关机、收拾工作台	操作表现、作业	10%	

课后拓展

根据流行趋势设计一款阔腿裤，完成工艺单文件编写、制板和工艺制作。

任务二　时尚女式短裤制作工艺

任务描述

短裤是将人体大腿上半部分包裹起来的服装。女式短裤款式的变化，主要反映在服装的外轮廓的造型变化，如直筒型、茧型、A型等，局部的款式变化如前身的装饰、腰部的装饰、脚口的变化等（图5-2-1），无论在任何季节穿着，都能体现爱美女性的率性、随意和时尚感，直接衬托出女性腿部的线条，整体俏皮而充满活力。

图5-2-1　时尚女式短裤

本任务选择前身收褶女式短裤作为实训项目，款式特点是装腰，弧形腰头、前门襟处2个扣眼固定，前身2个对称褶裥、前裤片左右不对称设计，右裤片门襟搭到左裤片后形成一个斜向褶裥,侧身 2 个斜插袋、后身 2 个单嵌线挖袋、各有一个倒向后中缝处烫的省道,正面类似裙裤(图 5-2-2)。

图 5-2-2　前身收裥女式短裤

任务目标

- 设计各种短裤款式图;
- 编写短裤工艺单;
- 制作短裤工业样板;
- 根据样板特点设计裁剪方案;
- 斜插袋、单嵌线口袋、绱腰头等工艺;
- 各种短裤整烫和质检。

任务准备

(1) 面料:短裤的面料常常选用质地挺括垂坠的中厚型织物或棉涤类织物,如罗马布、涤纶斜纹、卡其等织物(图 5-2-3)。常用的面料幅宽为 144 cm,估算面料为裤长 + (10 cm ~ 15 cm)。

罗马布

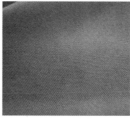
涤纶斜纹

卡其

图 5-2-3　短裤常用面料

(2) 辅料:有纺黏合衬、防伸衬条适量,纽扣 2 粒。

任务实施

一、技术文件

(一)生产工艺单(表5-2-1)

表5-2-1 ×××公司服装生产工艺单

单位:cm

编码	JS/FZ-JS/15-1552	款号:×××	技术负责	制板人	工艺制作	订单数量	检针	业务员
		品名:前身收裥女式短裤	×××	×××	×××	××××××	是	×××
		后处理方式:成衣不洗水						
		整烫方式:普通整烫						
		贸易方式:一般贸易						

平面款式图:(缩率经-2.5%,纬-2.8%)

	尺码	公差	成衣规格			
			S	M	L	
A	1/2腰围(上口弧量)	±1	33	35	37	
B	臀位——前中(含腰)		16.5	17	17.5	
C	臀位——侧缝(含腰)		17.5	18	18.5	
D	1/2臀围(褶裥打开)	±1	52	54	56	
E	前裆(含腰)	±0.5	31	31.5	32	
F	后裆(含腰)	±0.5	39.5	40	40.5	
G	裤长	±1	38	39	40	参考尺寸
H	内缝	±0.5	9	10	11	参考尺寸
I	1/2左腿围	±0.5	34.5	35.5	36.5	
J	1/2右腿围	±0.5	41.5	42.5	43.5	参考尺寸
L	1/2裤口	±0.5	34.5	35	35.5	
M	1/2裤口	±0.5	40	40.6	41.2	参考尺寸

（续表）

其他尺寸参见客户样尺寸				
缝份要求		止口说明： 1. 0.1（腰上口暗边止口） 2. 0.6（前袋布下口，后袋布三周，前袋口）	消光棉	袋布厂供 TC-8020，黑色配#1067，白色配#1001
侧缝	1		主唛（只）	客供
内缝	1		尺唛（只）	客供
前后裆	1	衬布说明： 1. HH8056 衬（防激光压印衬） 2. KD7111（裤钩加强衬） 3. DK3030 防伸衬（1 cm 宽直裁用于腰顶，腰头面里，后开袋衬，后嵌线衬，前袋贴）	洗唛（只）	客供
上腰	1		衬布	腰头表面用衬＋其他部分，厂供#DK3030，白色配白色，其他配黑色 裤钩加强衬，厂供 KD7111，白色配白色，其他配黑色 防激光压印衬，厂供 HH8056，配白色
裤口	1		衬条	腰顶厂供 1 cm 直裁防伸衬条
前袋口	0.8	用线说明：普通 603 涤纶线，裤口缲边 802 涤纶线	衬条	
针距： 止口线，拼缝线，每 3 cm 14 针；包缝线，每 3 cm 18 针		锁眼要求：前身锁 2 个平头横眼	内扣	前中客各 18 mm。配大身色
		订扣：十字订扣且绕眼；前中钉 1 副裤钩	裤钩	厂供白色配银色、黑色配黑色
拼缝方式：五线包缝（内缝，侧缝，前后浪脚），前袋贴，前袋垫，后袋垫，后袋贴		套结：无	所有缝制线	厂供面线/拼缝#503，包缝#603，缲边 802，大身缲布#603，袋布配袋布色
			钉主唛线	厂供#603 涤纶线，黑色
对花要求：一件一方向，左右对称，前身以侧缝左右对称，前后侧缝拼缝对前身，条纹要避免横向条纹格子的中心，后袋袋位要避免条纹前袋垫，后袋嵌线与大身还原		面料放缩周期：无	价格挂牌（只）	客供
其他说明： 1. 前后浪五线包缝加平车 2. 前袋口在侧缝拼接对大身对条 3. 后袋嵌线要与大身对条 4. 裤钩加固使用部位（前腰钉裤钩处，左右前中各 1 共防激光衬覆盖在里侧裤钩上） 5. 前身裥边轻喷气理顺		面辅料选择预处理：无	穿绳（条）	客供
			胶袋（只）	厂供 在胶袋底右上角需印环保标志，约 1 cm×1 cm
			箱袋（只）	厂供 送检时用
			备纽袋	厂供
			箱子	厂供 外箱上请勿表示已验检过针的日语印章

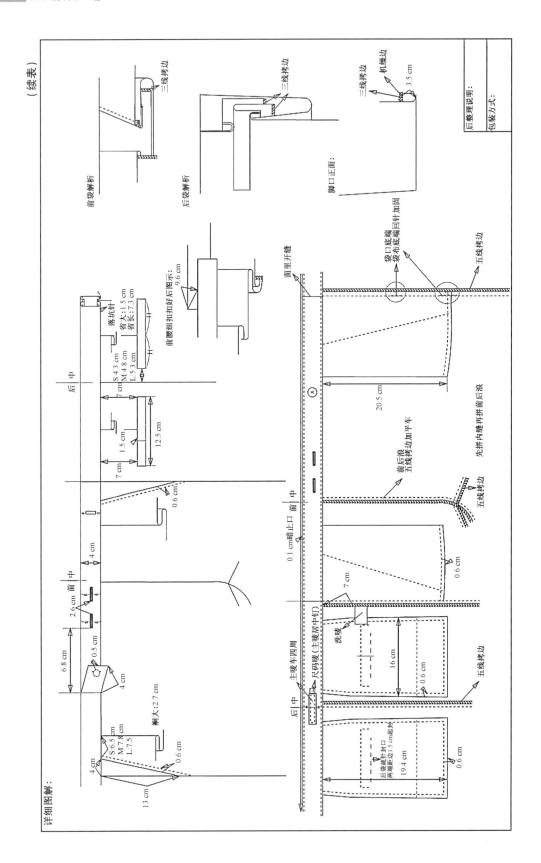

（续表）

（二）规格设定

根据款式工艺单的要求,选定38码作为基本款,相当于中国号型165/68A(表5-2-2)。

表5-2-2　成品规格　　　　　　　　　　　　　　　　单位:cm

名称	号/型	裤长(L)	腰围(W)	臀围(H)	裤口(SB)
规格	165/68A	39	68+2(松量)=70	92+16(放松量)=108	35

（三）结构制图（图5-2-4）

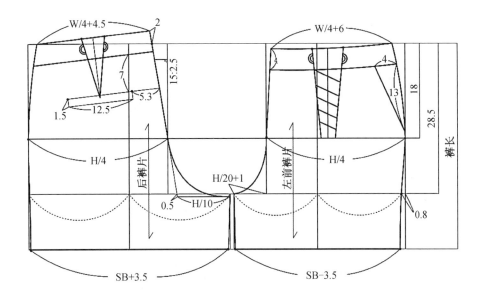

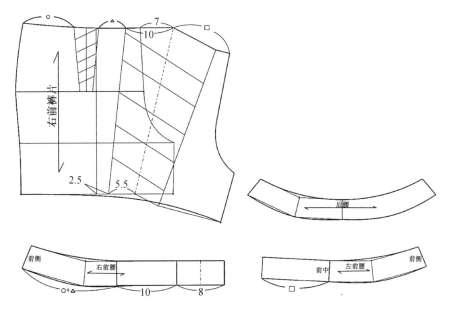

图5-2-4　短裤结构图

（四）样板制作

1. 面料样板

（1）裤身样板：侧缝放缝 1 cm～1.2 cm，袋口放缝 1 cm，下摆贴边放缝 3.5 cm，腰头放缝1 cm（图 5-2-5）。

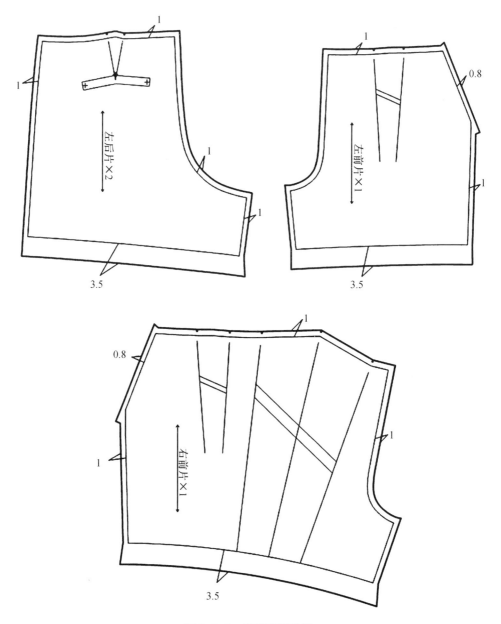

图 5-2-5　短裤面料样板

（2）零部件样板：零部件对应衣身样板缝合位置放出相应缝份（图 5-2-6）。

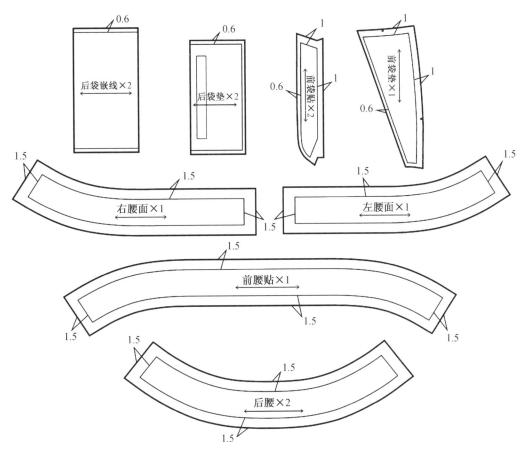

图 5-2-6　短裤零部件面料样板

2. 里料样板(图 5-2-7)

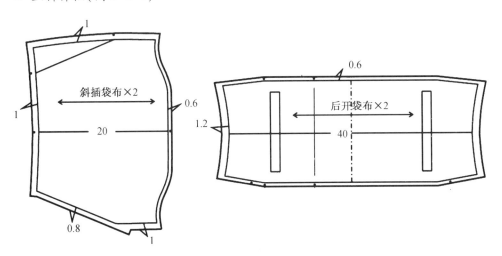

图 5-2-7　短裤袋布样板

3. 衬料样板(图5-2-8)

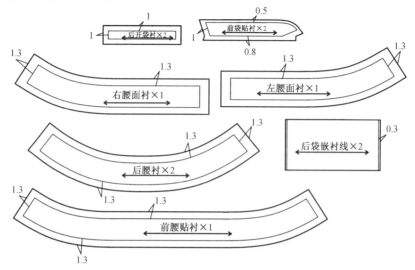

图5-2-8　短裤衬料样板

4. 纸样校对(参照西裤)

二、裁剪

(一)排料

在门幅为144 cm 的面料上,进行预排料,尽量提高面料的利用率,降低成本(图5-2-9)。里布(口袋样板)和衬料(前腰样板)的裁片和用料都比较少,在排料时考虑纱线方向即可。

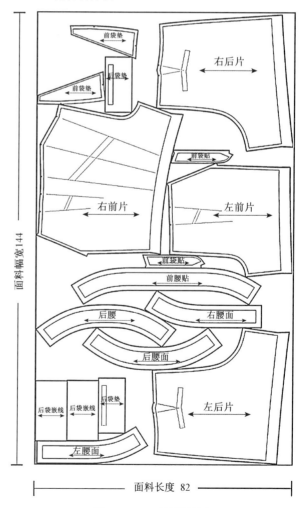

图5-2-9　面料排料图

（二）裁剪

面料下垫裁剪纸,面料上放裁剪纸样;拉布中,面料要摊平,勿用力拉伸面料,造成样板缩片;重物固定压实,裁剪过程注意裁剪姿势,防止面料滑移;裁片的相应对位要做好0.5 cm深剪口(不超过净样线),不可遗漏;裁剪之前清点面样、里样、衬样的数量(图5-2-10、图5-2-11)。

图5-2-10 铺料

图5-2-11 裁剪

（三）检查裁片数量（表5-2-3）

表5-2-3 裁片数量

材料	面 料											里 料		衬 料							
名称	左裤片	右裤片	后裤片	左腰面	右腰面	前腰贴	后腰	前袋垫	前袋贴	后袋垫	后嵌线	前袋布	后袋布	左腰面	右腰面	前腰贴	后腰	前袋贴	后嵌线	后开袋	加固衬
数量	1	1	2	1	1	1	2	2	2	2	2	2	2	1	1	1	2	2	2	2	2

三、缝制流程

黏衬→点位→收省→开后袋→做后袋袋布→包烫裤口→做斜插袋→收褶裥→合侧缝、裆缝→做腰头→绱腰→做裤口→后整理→质检。

四、具体缝制工艺步骤及要求

（一）黏衬

(1)衣身黏衬:前后腰面、前腰贴、后口袋嵌条黏合斜丝缕有纺薄衬(图5 2-12)。根据面料性能和有纺衬材质,选用合适的温度、时间和压力,需经过黏合机,否则水洗易脱落、起泡,影响服装外观质量。

(2)袋口黏衬:面料反面黏合1.2 cm防伸衬条,平行于布边,熨斗黏合不可拉伸。蒸汽熨斗温度不可过高,黏合时最好位于吸风烫台(图5-2-13)。

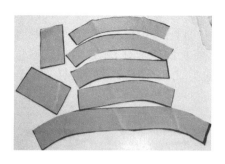

图 5-2-12　面料黏衬

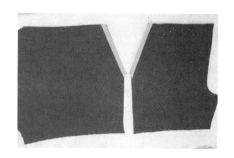

图 5-2-13　袋口防伸衬条

（二）点位

用短裤前后片毛样板，对其短裤前片、后片进行点位，确定裤身上的褶裥、省道、口袋等缝合位置（图 5-2-14、图 5-2-15）。

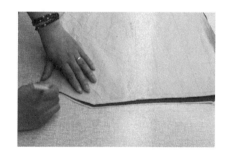

图 5-2-14　前片点裥位

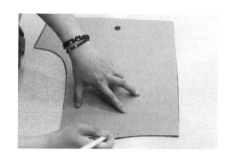

图 5-2-15　后袋口点省位和口袋位

（三）收省

（1）后片收省：在裤后片面料反面沿省中线对折，由腰口省边开始缉线，腰口处倒回针（图 5-2-16）。用硬纸板压紧，防面料吃紧或拉松，省尖留 4 cm 线头打结。

（2）烫省位：先用平烫，再置于烫凳上，省缝倒向裤后中缝，省尖烫开（图 5-2-17）。熨烫面料正面时，熨斗不要压在面料上防止极光，用塑料烫板贴靠直省位，喷气定型，直到省位顺直。

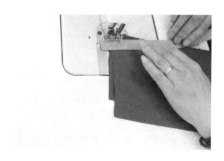

图 5-2-16　前片收省

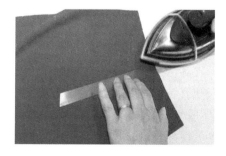

图 5-2-17　烫省位

（四）开后袋

（1）后袋位烫衬：根据后裤片口袋的点位，在裤片面料的反面熨烫黏合后开袋衬。要求覆盖省尖，平整无窝势（图5-2-18、图5-2-19）。

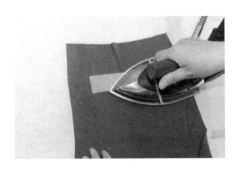

图5-2-18　后袋位烫衬

图5-2-19　烫衬效果

（2）做后袋嵌线：折烫嵌线，后袋嵌线翻折熨烫3 cm，下口锁边的一侧略宽些，折线整齐，熨烫平整（图5-2-20）；嵌线锁边，后袋嵌线面料正面朝上，翻折面料宽的一侧三线包缝（图5-2-21）。

图5-2-20　后袋嵌线（折烫）

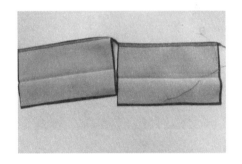

图5-2-21　后袋嵌线一侧包缝

（3）定位置：用后开袋净样板分别在后袋嵌线、后裤片面料正面，绘制出口袋的位置，便于开袋缉线，位置线迹要清晰干净（图5-2-22～图5-2-24）。

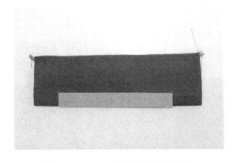

图5-2-22　后袋嵌线定位（1）

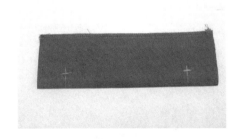

图5-2-23　后袋嵌线定位（2）

（4）缉嵌线、袋布：将后袋嵌线、后裤片、袋布依次按照后袋位置叠放，后袋嵌线侧缝包缝的一面在上,袋布两端对称。在嵌线面料正面的口袋定位缉线,口袋宽 1.5 cm,长 12.5 cm,嵌线折边与腰口线相对,嵌线下口与袋位下口线条对齐,下层面料略带紧,两头倒回针固定(图 5-2-25)。

（5）袋位上口线固定时为了能保证与第一条线保持平行,在裤片反面袋布上进行缝合,同时注意要将嵌线锁边一侧掀起,两端齐平(图 5-2-26、图 5-2-27)。

图 5-2-24　后袋定位

图 5-2-25　嵌线、袋布第一次缉线

图 5-2-26　嵌线、袋布第二次缉线

图 5-2-27　缉线效果

（6）开袋、封三角:在面料反面开袋,沿缝合线的中间剪开,在距离两端各 1 cm 处剪成"Y"形,注意不要剪毛,一般剪至缝合点略往里 0.1 cm 处(图 5-2-28、图 5-2-29)。为保证袋口平整服贴,在上嵌线上口(袋口宽的位置)压 0.1 cm 止口(图 5-2-30)。最后,将裤片正面朝上,裤片与袋布掀起,用镊子将三角拉紧,沿三角底边来回缝合三次固定袋口三角(图 5-2-31)。

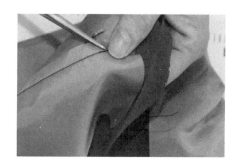

图 5-2-28　开口袋

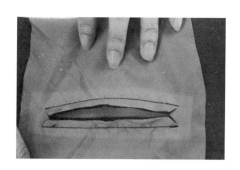

图 5-2-29　开口袋效果

 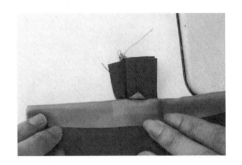

图 5-2-30　上嵌线 0.1 cm 正面缉线　　　　　图 5-2-31　封三角效果

（五）做后袋袋布

（1）固定包边嵌线：将袋嵌条翻到裤身反面，两侧用剪刀修剪嵌线面料至比袋布缩进 0.6 cm，锁边一侧嵌线与袋布压线固定，线迹不超过包缝线（图 5-2-32、图 5-2-33）。

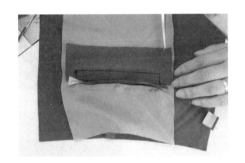 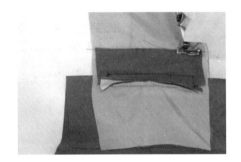

图 5-2-32　修剪嵌线面料　　　　　　　　图 5-2-33　固定下嵌线

（2）缝合袋垫布：袋垫布一侧三线包缝。对折袋布，找到袋垫布位置，将袋垫布缝合到袋布上，只需固定有包缝线的一侧（图 5-2-34）。

（3）缝合袋布：袋布正面相对，反面缝合 0.4 cm 缝份固定（图 5-2-35）。修剪缝头宽为 0.3 cm，把袋布翻到正面，熨烫平整（图 5-2-36、图 5-2-37）。

（4）固定上嵌线与袋布：分开袋布与后裤片，袋垫布放平齐，沿上嵌线和袋口边缘三角固定袋布（图 5-2-38）。

（5）袋布缝合：袋布两侧和袋底缝合 0.6 cm（图 5-2-39）。

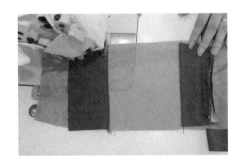 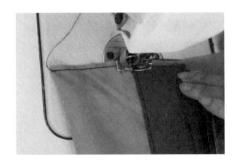

图 5-2-34　缝合袋垫布　　　　　　　　图 5-2-35　缝合袋布反面

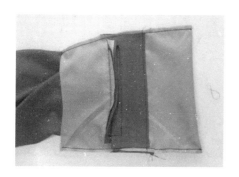

图 5-2-36　缝合袋布正面

图 5-2-37　翻转袋布熨烫后效果

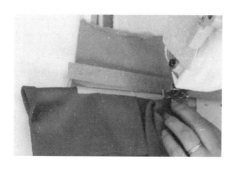

图 5-2-38　固定上嵌线与袋布

图 5-2-39　袋布三边缝合 0.6 cm

（6）熨烫固定：熨斗喷烫袋口，要求袋口表面平整不起拱无折痕。袋布与后裤片腰口固定0.5 cm，修剪袋布平齐腰口线（图5-2-40、图5-2-41）。

图 5-2-40　熨烫后效果

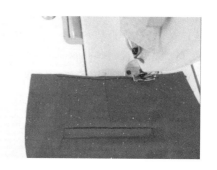

图 5-2-41　固定袋布与腰口

（六）包烫裤口

沿裤口净样线包烫3.5 cm，喷蒸汽熨烫，使裤口平整、服贴（图5-2-42）。为了防止裤口变形，可以使用扣烫板定型。

（七）做斜插袋

（1）前袋垫、袋贴布包缝：面料正面在上，三线包缝前袋垫、袋贴布与袋布缝合的一侧，其余位置不包缝（图5-2-43）。

（2）缝合袋贴布、袋垫布：分清楚左右袋，将前袋贴布、袋垫布放置在袋布正面，未包缝的与口袋毛边对齐，正面压线在包缝线上（图5-2-44、图5-2-45）。

图5-2-42　包烫裤口

图5-2-43　前袋垫、袋贴布包缝

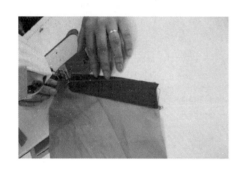

图5-2-44　固定袋贴布

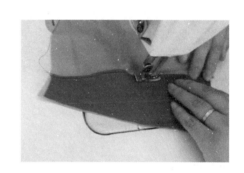

图5-2-45　固定袋垫布

（3）勾袋布：布正面相对，缉第一道缝线0.4 cm，修齐缝份；反转袋布熨烫平整，缉第二道缝线0.6 cm，毛头不可外漏（图5-2-46）。

（4）袋贴布与裤身拼合：袋贴布、袋布与裤前片袋口位置正面相对，缉线0.8 cm（图5-2-47）。缝合完毕后熨烫0.1 cm反止口（图5-2-48）。在裤前片斜插袋口正面缉0.6 cm明线，缝合住袋贴布、袋布与裤身（图5-2-49）。

（5）封袋口：将袋贴布放在袋垫布上，斜插袋位置点外侧0.2 cm缉线（图5-2-50）。封袋口时，裤身斜插袋不可绷紧，留0.2 cm～0.3 cm的松量，便于穿着者使用（图5-2-51）。此时的封口线为临时固定用。

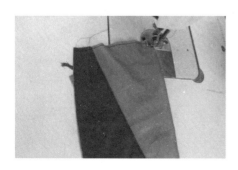

图5-2-46　勾袋布

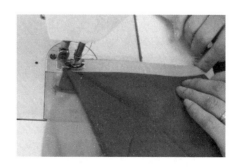

图5-2-47　袋贴布与裤身拼合0.8 cm

图 5-2-48　袋贴布熨烫 0.1 cm 反止口

图 5-2-49　斜插袋口 0.6 cm 明线

图 5-2-50　封袋口

图 5-2-51　袋口效果

（八）收褶裥

将前腰口褶裥位置中点剪口对折,前裤片褶裥宽 5.4 cm,明折边倒向前中裆缝,沿腰口缉线 0.5 cm 宽度固定(图 5-2-52)。

（九）合侧缝、裆缝

因选用的罗马布面料为针织面料,所以拼合内外侧缝、前后裆缝时用四线包缝。裤身面料正面相对,反面四线包缝,针织面料弹性较大,不可用力拉紧。先拼合裤身内外侧缝,前片在上层,后片在下层;再拼合前后裆缝,裆底缝线"十字"对齐(图 5-2-53 ~ 图 5-2-55)。

图 5-2-52　收前裤片褶裥

图 5-2-53　合侧缝(1)

图 5-2-54　合侧缝(2)

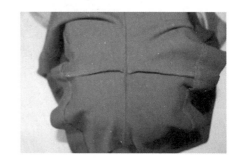

图 5-2-55　合裆缝

（十）做腰头

（1）腰面扣烫：腰头放置净样板，先用点位笔点位，腰上口烫 1.5 cm 防伸衬条，右腰面门襟宽 4 cm，在腰上口处黏合加固衬，增强面料牢固度（图 5-2-56、图 5-2-57）。沿净样板扣烫腰下口线，整个腰头缝份留 1 cm，多余部分修剪（图 5-2-58、图 5-2-59）。

图 5-2-56　腰头点位画样

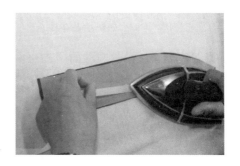

图 5-2-57　腰上口黏防伸衬条

图 5-2-58　净样扣烫

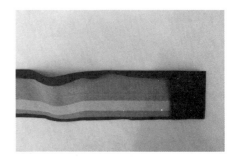

图 5-2-59　右腰面 4 cm 宽门襟

（2）做腰面、腰里：腰面和腰里分别把左右前腰和后腰缝合，按净样缉 1 cm 缝份，对折处剪去三角，并分缝烫平（图 5-2-60 ~ 图 5-2-63）。

图 5-2-60　拼合腰面

图 5-2-61　熨烫腰面

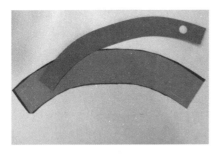

图 5-2-62　腰贴绘制净样

图 5-2-63　拼合前腰里、后腰里

（3）做门襟、装裤钩：右腰面门襟正面相对车缝宽度和长度均为 4 cm，裤钩居中、距离门襟边缘 0.5 cm。修剪缝份至 0.5 cm，对折处剪去三角，翻到正面熨烫平整（图 5-2-64 ~图 5-2-67）。

图 5-2-64　门襟一侧车缝 4 cm

图 5-2-65　钉裤钩

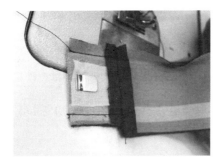

图 5-2-66　门襟车缝另一侧

图 5-2-67　修剪缝份并翻转面料

（4）合腰面、腰里：用净样板确定腰里门襟缝合位置，并用点位笔做出标记（图5-2-68）。对齐腰面、腰里门襟位置，沿腰上口线，将腰面、腰里1 cm缝合（图5-2-69）。修剪腰上口缝份至0.5 cm，或修大小毛头（大毛头0.7 cm、小毛头0.4 cm）（图5-2-70）。翻转面料，为了防止腰里上口反吐，将腰上口缝份向腰里方向坐倒，沿腰里上口缉0.1 cm止口，盖布熨烫平整（图5-2-71）。

图5-2-68 点位门襟腰面腰里缝合位置

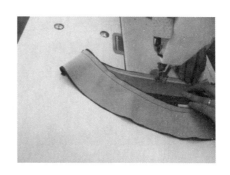

图5-2-69 腰面、腰里腰上口线缝合一圈

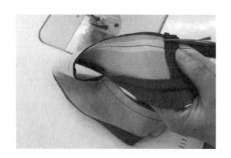

图5-2-70 修剪缝份

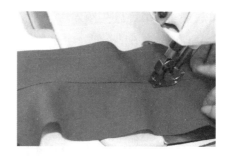

图5-2-71 腰里沿上腰口压线0.1 cm

（5）包烫：在腰下口把腰里沿腰面净样线扣烫，这样可以防止在绱腰时腰里漏压。

（十一）绱腰

腰面与裤腰上口正面相对，分别按照腰头门襟、右侧缝、前中、后中和的对位标记，以1 cm缝份缝合一圈，同时把缝份往腰上口方向烫倒，将腰里放平，在正面以漏落缝固定腰里（图5-2-72、图5-2-73）。

图5-2-72 绱腰头面

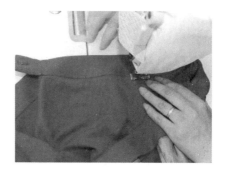

图5-2-73 漏落缝固定腰里

（十二）做裤口

（1）裤口锁边：将裤口一圈正面朝上进行锁边，缝份处注意外侧缝与内侧缝的倒向，需注意左右对称（图5-2-74）。

（2）裤口缲三角针：裤口三角针一般在反面逆时针方向进行，沿包缝线将裤口折边与裤身缲牢，线迹松紧适宜，裤口正面不露针迹（图5-2-75）。

图5-2-74　裤口锁边

图5-2-75　裤口三角针

（十三）后整理

（1）锁眼、钉扣：左腰头距左右腰面拼合6.8 cm处开平头扣眼2个，扣眼大1.2 cm，两眼间距2.6 cm，上下居中腰宽。

（2）整烫：先清剪线头，去除粉印和污渍，然后按先内而外，先上而下的次序，分步整烫。全身整烫时候，面料正面勿用力压烫，避免极光（图5-2-76、图5-2-77）。

图5-2-76　腰口整烫

图5-2-77　后身整烫

（3）试穿效果（图5-2-78、图5-2-79）。

图5-2-78　成品（正面）

图5-2-79　成品（背面）

（十四）检验

1. 尺寸检验

尺寸检验要求和方法参照工艺单和女西裤,尺寸检验结果见表5-2-4。

表5-2-4 尺寸检验表

单位:cm

规格	设定尺寸	实际测量尺寸	允许误差	误差	备 注
腰围	70	69.5	允许±1	-0.5	在误差允许范围内
臀围	108	107	允许±1	-1	在误差允许范围内
裤长	39	39	允许±1	0	在误差允许范围内
1/2 左裤口	35	35	允许±0.5	0	在误差允许范围内
1/2 右裤口	40.6	41	允许±0.5	0.4	在误差允许范围内

2. 缝制、整烫规定(参照工艺单)

任务评价

时尚短裤任务评分标准(表5-2-5)。

表5-2-5 时尚女式短裤任务评分表

评价指标	评 价 标 准	评价依据	权重	得分
结构、样板制作	1. 尺寸设计合理,符合工艺单要求 2. 结构线设计位置合理、线条清晰,符合款式要求 3. 能够按照工艺单要求、面料性能、部位要求等对样板进行准确放缝 4. 样板文字、符号标注齐全	样板	20%	
裁剪	铺料、排料合理,裁片数量准确	裁片	10%	
缝制工艺	1. 裤长、腰围、臀围、裤口尺寸在误差允许范围内 2. 腰面平服、顺直,腰头宽窄一致、松紧适宜 3. 省位准确、对称,省尖顺直、平服、无窝点 4. 左右口袋对称,长短一致、袋口平整 5. 侧缝车线顺直、平服、无坐势 6. 外观整洁、无粉印、无烫黄、极光、水渍等瑕疵	样衣	60%	
职业素质	1. 遵守实训设备操作流程,保持整洁 2. 课后自觉关机、收拾工作台	操作表现、作业	10%	

课后拓展

根据流行趋势设计一款时尚短裤,完成工艺单文件编写、制板和工艺制作。

参 考 文 献

［1］鲍卫君.服装制作工艺(成衣篇)［M］.北京:中国纺织出版社,2011.

［2］袁飞.女下装结构设计与工艺［M］.上海:东华大学出版社,2013.

［3］闵悦.服装缝制工艺学［M］.北京:北京理工大学出版社,2014.

［4］刘凤霞.服装工艺学［M］.吉林:吉林美术出版社,2015.

［5］胡茗.服装缝制工艺［M］.北京:中国纺织出版社,2015.

［6］陈毛蕴.服装缝制工艺［M］.北京:北京理工大学出版社,2010.

［7］孙兆全.成衣纸样与服装缝制工艺［M］.北京:中国纺织出版社,2010.

［8］穆红.服装结构制图与工艺实训［M］.上海:东华大学出版社,2014.

［9］张文斌.服装结构设计［M］.北京:中国纺织出版社,2006.

［10］顾韵芬.服装结构制图与工艺［M］.南京:东南大学出版社,2005.

［11］马腾文,殷光胜.服装材料［M］.北京:化学工业出版社,2013.